# Nosso Misterioso Universo

*Mark Nelson*

# Conteúdo

Universo Como Consciência ................................................... 1

O Universo Como Nosso Professor ..................................... 36

A Vida Do Indivíduo Como Reflexo Ou Modelo Da Evolução Humana .............................................................. 59

Onde Estivemos (E Por Que Ainda Estamos Lá) ................. 82

Individualização Do Livre Arbítrio ........................................ 96

Mal ........................................................................................ 105

Cortina .................................................................................. 113

Ufo E Devas ......................................................................... 136

A Escola Acabou .................................................................. 142

Olhando Para Trás Do Futuro ............................................. 156

A Grande Chamada ............................................................. 159

## Universo Como Consciência

Qual é o sentido da vida? Em geral, a vida tem um sentido? E se sim, o que devemos fazer com isso? Quando nos fazemos essas três perguntas e procuramos respostas para elas, só então nos tornamos humanos. Estou escrevendo estas palavras, e do lado de fora da janela está geada. Observo com deleite como o baixo-relevo de gelo de um milímetro de espessura cobre gradualmente os dois terços inferiores do vidro. Depois de um minuto ou dois, aparece uma imagem que lembra uma vegetação exuberante de verão: folhas emplumadas e galhos curvados são claramente visíveis. Cada "planta" é única e ao mesmo tempo perfeitamente inscrita na composição: não deixa espaços vazios e não obscurece os vizinhos. Uma imagem perfeita não é fruto de um plano perfeito?

É impossível não pensar no significado profundo do que vejo: o artista que criou esta obra incrível -água congelada "comum" (uma substância inorgânica que não tem genes nem DNA). Que tipo de energia está por trás de tais fenômenos e que tipo de consciência ela precisa ter para planejar e criar tamanha beleza? Poucas pessoas serão capazes de desenhar um padrão tão perfeito por conta própria, e levará muito mais tempo do que alguns minutos. Estou ainda mais surpreso que os sistemas de crenças existentes, compartilhados pelas nações supostamente mais avançadas do planeta, não apenas não conseguem explicar de forma convincente a maioria dos mistérios da natureza (isso é compreensível), mas geralmente preferem ignorá-los e até tentar negam muitos fenômenos que não se enquadram no quadro de suas ideologias. Ignorar e negar é talvez a melhor coisa com que as pessoas podem contar que se atrevem a chamar a atenção dos outros para tais realidades.

O principal problema de nossas religiões e ciências tradicionais não é o conhecimento limitado e nem mesmo uma superestimação do grau de compreensão da própria realidade. O maior erro que cometem é quando atacam aqueles que são capazes de perceber uma visão muito mais ampla.e um universo perfeito e que estão tentando cooperar com este universo na propagação da Luz, expandindo assim o conhecimento humano muito além dos limites dos rígidos sistemas de crença. O que nos impede de dizer a nós mesmos: sim, ainda não sabemos muito? Por que é ruim admitir que existe um mundo misterioso ao nosso redor? Além disso, sabe-se que os sistemas cosmológicos da ciência ortodoxa e das religiões ortodoxas ocidentais em grande parte se contradizem e até, em essência, se excluem. (Em breve voltaremos.)

E, no entanto, quero expressar minha posição desde o início: acredito que tanto a ciência quanto a religião estão certas em algo importante - elas simplesmente veem a realidade de diferentes posições. Mas se a ciência, com toda a sua racionalidade, carece de sabedoria, e a religião, com toda a sua sabedoria, não resiste à análise razoável, então eles não concordam com a Verdade mais elevada e universal. Afinal, o Universo em que vivemos (e podemos ver por nós mesmos ao nosso redor) é razoável, conveniente, sábio e, o mais importante, amoroso. É isso que vou tentar mostrar.Aqui estão apenas alguns exemplos de fenômenos anômalos que têm um significado profundo (e, portanto, perturbador) e, portanto, são descartados por nosso estabelecimento como indignos de estudo sério.

Há muitos casos em que o corpo físico de uma pessoa foi separado de "corpos" superiores - em estado de morte clínica, sob a influência de drogas ou altas velocidades (ao cair, em uma centrífuga), em estado de choque, etc. As pessoas que eram consideradas inconscientes pelos outros, observavam seu corpo físico de lado e podiam posteriormente descrever com precisão os eventos ocorridos.Todos nós temos sonhos, e às vezes visões de um tipo diferente, que dizem muito sobre nossos estados internos (doenças não detectadas, complexos, etc.), ou sobre o que podemos esperar do futuro, e também nos dizem como nos comportar mais ( se não tivermos preguiça de analisá-los). Existem muitos relatos sobre o chamado poltergeist, possessão e outros fenômenos parapsíquicos. Ao longo do último meio século (na verdade, ao longo da história), em todo o mundo, pessoas em quem se pode confiar viram OVNIs. E muitos - em um nível ou outro - tiveram contatos com "alienígenas".

Em diferentes países do mundo, aparecem espontaneamente os chamados "círculos nas plantações" - enormes pictogramas das mais diversas e belas formas geométricas. Todos podem vê-los, e nem todos os casos são falsos.
Ao longo da história humana, houvecombustão espontânea espontânea de pessoas, e todas as tentativas de reproduzir artificialmente esse fenômeno falharam. Memórias de vidas passadas, aparecendo em muitas pessoas, podem indicar a repetição da vida. Às vezes, as crianças dão detalhes sobre pessoas e eventos do passado,

ou sobre lugares distantes que elas não poderiam conhecer.

Esta lista pode ser continuada por um longo tempo. Muitos livros foram escritos e muitas fotografias e vídeos foram feitos documentando esses chamados fenômenos "anômalos". Mas, em vez de examiná-los honestamente e expandir nosso conhecimento desse universo incrível, o establishment mostra uma completa relutância em ouvir qualquer coisa que possa perturbá-los completamente.sistemas de crenças organizados (embora estes últimos sejam claramente imperfeitos e cada vez mais estejam sendo provados errados). Felizmente, agora - como acontece periodicamente em qualquer planeta - novas e frescas energias estão chegando à nossa Terra, e pessoas de várias esferas da vida estão começando a ser céticas em relação às velhas explicações, percebendo em seus corações que há muito mais na vida do que nossas instituições públicas.

Então, vamos repetir o que foi dito: os sistemas cosmológicos da ciência ortodoxa e das religiões ortodoxas ocidentais se contradizem de muitas maneiras e até, em essência, se excluem. Um sistema é baseado na crença errônea de que o plano físico e seus fenômenos associados são tudo o que realmente existe. (E tudo o que existe aconteceu por acaso!) Outro sistema, comum em várias religiões, afirma essencialmente que tudo foi criado por alguma divindade caprichosa e muito cruel sem razão clara (as qualidades e desejos atribuídos a esse deus sempre correspondem estranhamente à ideologia dos círculos dirigentes). Os poderosos tendem a tentar ser um pé em cada campo, e é muito importante para eles negar, ignorar e refutar tudo o que a ciência e a religião não podem explicar.

É a natureza dos sistemas humanoscrenças, nossas ideologias, nosso estabelecimento - eles fingem ter todas as respostas para atrair e reter adeptos e assimperpetuar sua existência "mantendo a ordem". E nós mesmos, pequenas personalidades, ainda somos muito imaturos, e gostamos de acreditar que somos muito mais inteligentes do que realmente somos. Pensar que nós, ou qualquer outra pessoa, ou qualquer sistema de crença humano, temos todas as respostas não é um sinal de ignorância? Por outro lado, o primeiro sinal de sabedoria é a compreensão de que ainda temos muito a aprender. Mas, como ainda estamos em um estágio relativamente inicial da evolução humana, muitas vezes acontece que "os cegos guiam os cegos". O que resta para uma pessoa de pensamento normal fazer se nosso paradigma cultural é projetado para esquizofrênicos? (Na verdade, este é mais um paradigma de gêmeos siameses, porque muitas pessoas se sentem confortáveis com os dois sistemas de crenças ao mesmo tempo.)

Diante do exposto, as pessoas podem ser divididas em duas categorias: algumas estão sempre prontas para perceber novos aspectos da Verdade que estão sendo constantemente revelados à humanidade. Outros se apegam às "boas e velhas" crenças e resistem a qualquer coisa que as enfraqueça, sem perceber que, historicamente, essas crenças são relativamente recentes. Eu chamaria o primeiro grupo de "pensadores" e o segundo - "crentes". Pode-se supor que agnósticos e ateus que se orgulham do que têmvisão "científica" ou "cética" da realidade, caem na categoria de pensadores, não crentes. Mas nem sempre é o caso. Constantemente nos deparamos com o fato de que o establishment científico está defendendo teimosamente seus dogmas e se opondo a qualquer coisa heterodoxa como qualquer religião fundamentalista. E esse é o ponto. Obviamente, para expandir seu conhecimento da vida, você deve ao menos permitir a possibilidade de reestruturar sua própria visão de mundo quando novas verdades (científicas ou religiosas) forem descobertas, e não rejeitar automaticamente o que é incompreensível para nós.

Comecemos pela religião. Quando você estuda seriamente a essência de muitas grandes crenças religiosas - profundamente e sem preconceitos - fica claro que há muito mais em comum do que discordância. Desacordos e discrepâncias aparecem depois que o professor inspirado se vai. Afinal, se existe um "Deus", então é possível imaginar que um Ser digno desse nome revelará toda a verdadepara sempre apenas uma vez - para o povo escolhido em um só lugar - e ignorar todo o resto? Se existe um Deus, então somos todos Seus filhos, e Ele nos ama igualmente. Se existe um Deus, então Ele, como o sol, brilha sobre todos.

Portanto, uma pessoa sábia avalia constantemente a "tradição", usando sua visão e intuição para entender a diferença entre a verdadeira sabedoria duradoura que contribui para a evolução espiritual da humanidade, e o que com o tempo se tornou apenas mais um dogma sem sentido que não ajuda na iluminação futura. de qualquer maneira. Então, talvez todo o caleidoscópio de visões de mundo em nosso planeta, incluindo novas revelações que surgem continuamente, sejam peças de um quebra-cabeça gigante? E se você não construir um muro impenetrável em torno de cada pequeno fragmento, rejeitando todo o resto, como fazem muitos sistemas de crenças. Que tal dar uma olhada do topo de uma montanha? Não veremos então que cada fragmento enfatiza algum aspecto particular da verdade universal?

Agora sobre a ciência ortodoxa. Se você não acredita em Deus, pode acreditar que cientistas humanos comuns podem saber tudo? Muitos acreditam que as atuais teorias científicas da evolução já explicaram a vida na Terra em detalhes desde o início até o estado atual incrivelmente complexo. Mas muitas verdades científicas, nascidas há apenas um século, não parecem um tanto primitivas e até absurdas hoje? Não percebemos agora que décadas se passarão e muitas das verdades científicas de hoje parecerão tão estúpidas? Lembre-se também de que as teorias científicascomeçam com axiomas e postulados - isto é, posições iniciais que não são auto-evidentes, mas são aceitas sem prova. Pegue qualquer teoria materialista e siga sua cadeia lógica: no final você encontrará uma base não confirmada, e tudo terminará com um milagre sendo interpretado por outros milagres.

Surpreendentemente, muitos cientistas acreditam que a ciência já sabe muito bem como o universo foi formado e como o universo funciona, resta apenas esclarecer os detalhes. Mas isso está longe de ser verdade!No entanto, esta mesma convicção indica que em breve novas e profundas verdades (para nós) serão dadas à humanidade. Porque é assim que o universo nos ilumina. Primeiro, alguma verdade é revelada. Então, quando finalmente se torna aceito e "ortodoxo", outra verdade é revelada, que substitui a antiga. Isso acontece interminavelmente e sempre leva à expansão da consciência humana. Nos é dada uma ideia, ela é depositada na mente humana e gradualmente se torna um ideal universalmente reconhecido, que eventualmente se cristaliza em uma ideologia. A essa altura, já se aproxima o momento da introdução de uma ideia mais ampla na humanidade. Este processo é repetido várias vezes e, como resultado, a humanidade gradualmente se torna mais e mais iluminada.

Que ninguém pense que este livro é contra a ciência! Quero deixar claro desde o início: são os cientistas que em um futuro próximo confirmarão cientificamente a presença de dimensões de estar fora do mundo físico. Finalmente, todos admitem que as pessoas realmente têm muitas habilidades psíquicas.faculdades agora negadas pela ciência materialista. É extremamente importante perceber que em níveis superiores a "Ciência Espiritual" sempre existiu! É essa precipitação de conhecimento disponível na consciência humana por longos períodos de tempo que sempre sustentou o crescimento contínuo da inteligência e sabedoria humana, que por sua vez alimentou nossa evolução. À medida que continuamos a absorver as verdades mais elevadas, continuaremos nos afastando cada vez mais do estágio animal e nos movendo ainda mais rápido em direção a uma consciência mais elevada - em direção à iluminação, prevista pelos professores da humanidade.

Estou plenamente convencido de que a verdade profunda pode ser encontrada no cerne de todas as grandes religiões. E, sem dúvida, os cientistas já fizeram inúmeras descobertas e continuarão a fazê-lo. Essas descobertaslevou e levará a um aumento significativo do conhecimento humano. Atuando em conjunto, esses dois ramos da pesquisa humana (ciência e religião) podem e devem dar, e certamente farão, a mais importante contribuição para o esclarecimento da humanidade. A iluminação da humanidade virá quando percebermos nosso potencial de Inteligência, Sabedoria, Amor. A sabedoria eterna se expandindo por meio de insights constantes, levará a uma compreensão ainda melhor da verdade universal e nos libertará do fardo da ignorância.

A verdade universal é o que eu gostaria de falar neste livro. Esta é a verdade que reflete a realidade absoluta do nosso universo. A verdade que todos os pesquisadores sérios estão tentando descobrir. Verdade que encarna a verdade dos sinais evidentes: consistência, consistência, consistência. A verdade, que, embora eterna, continua a ser revelada à medida que a consciência da humanidade cresce. E o mais importante: esta é a Verdade que ressoa com nossa essência mais elevada, mais profunda e sagrada - com nosso Coração, com nossa Alma. Essa é a principal característica dela.

A razão para escrever este livro foi nada menos do que o desejo de ajudartrazendo um novo paradigma cosmológico muito necessário para a vida!Este novo paradigma está agora tomando conta de todo o planeta. Todos nós temos uma escolha: podemos aproveitar esta nova e tremenda oportunidade de expandir nossa Consciência (Vida) e nos tornar uma parte importante dessas novas energias. Ou podemos continuar a viver em relativa ignorância, escolhendo o que nos convém dos sistemas de crenças limitados de nossa cultura e deixando que os outros pensem por nós. E mais uma vez perguntamos: Qual é o sentido da vida? Em geral, a vida tem um sentido? E se sim, o que devemos fazer com isso? Essas três perguntas são, na verdade, três aspectos da Pesquisa Unificada.

É isso que estamos procurando. E se você participar dessa atividade mais importante, nunca verá o mundo da mesma maneira.Nas páginas seguintes, tentei reunir alguns dos conhecimentos mais profundos e essenciais que estão à disposição do Homem. Conhecimento adquirido dos melhores professores e dos melhores ensinamentos do passado e do presente, confirmados (e ampliados) pela experiência de vida. Em uma palavra, este é o tipo de conhecimento que leva à Sabedoria. A aquisição de uma qualidade como a Sabedoria, juntamente com o Amor, é o principal objetivo da onda de vida humana em que nos encontramos agora. Este livro deve encontrar uma resposta em sua Alma, em seu Coração. Sendo assim, não pode contradizer a Mente Superior, porque a Alma e a Mente Superior estão unidas no Ser humano. Tudo neste livro que não ressoar em seu Coração, em sua Alma, em sua intuição, descarte-o!Aceite apenas o que ressoa com o seu Eu Superior e Melhor.

Mas devo dizer logo de cara: não há nada realmente novo neste livro. Conceitos que podem parecer desconhecidos para muitas pessoassempre existiu em um ensinamento conhecido por muitos nomes: Sabedoria Eterna, Sabedoria Antiga, Ensinamento Esotérico, etc. Quando os detentores do poder tentaram suprimir esse conhecimento, ele foi preservado graças às sociedades secretas. Além disso, muitos de seus elementos podem ser encontrados nas escrituras do mundo, especialmente quando são lidas no nível da Alma! Os mestres divinos da humanidade sempre enfatizaram: quanto maisuma pessoa se torna iluminada, o significado mais profundo é revelado a ela em seus ensinamentos. Portanto, à medida que nossa consciência cresce, começamos a ver não apenas o significado literal das escrituras. Esses sermões e histórias correspondiam ao nível intelectual da pessoa média que vivia na época em que foram escritos. Mas também havia verdades mais elevadas neles, esperando que as pessoas acordassem e vissem seu significado.

Muito do que falaremos também pode ser encontrado nos livros dos grandes pensadores e filósofos de todos os tempos. E algumas ideias, talvez na forma de insights, visitaram você mesmo.E, claro, eu não gostaria que tudo isso fosse aceito por ninguém como um novo evangelho. Em nenhum caso! E sem isso, não faltam pessoas que estão tentando convencê-lo de que o sistema de crenças no qual eles acreditam é o único, e que somente nele você pode encontrar respostas para todas as perguntas. (E quanto mais eles subconscientemente duvidam disso, mais eles trabalham para convencer os outros, e junto com eles mesmos.) A última coisa que você precisa (e você não encontrará neste livro) é mais orientação sobre em que acreditar. Esta é apenas uma apresentação da minha compreensão da realidade - sem dúvida limitada e imperfeita. Em geral, aconselho a todos que atingiram aquele nível de desenvolvimento de consciência em que as pessoas começam a ler tais livros, a abordar qualquer texto de forma crítica e sem preconceitos. (Nós'

Assim, neste livro você encontrará uma "visão de

mundo" abrangente (embora resumidamente resumida) (além disso, a "visão" do mundo externo e interno), que você pode comparar com qualquer outra visão de mundo e, o mais importante - com sua própria visão de mundo. experiência de vida.Mesmo que neste momento da sua vida você esteja convencido de que a vida não tem propósito, continue lendo. Falaremos sobre o fato de que esta etapa também se enquadra no grande sentido da Vida. E se nós, humanos, não apenas acreditássemos no que nos dizem, mas testássemos a realidade por meio de nossa própria experiência e observação, às vezes aceitando a sabedoria convencional e às vezes procurando melhores explicações?

E se todas as afirmações sobre o sentido da vida estiverem erradas e precisarmos aprender a ver as respostas por nós mesmos?Que grandes verdades receberemos de pequenas verdades, quando - um pouco mais adiante neste livro, discutiremos as seguintes questões, muito diferentes e às vezes bastante mundanas: Se as células do nosso corpo são atualizadas com muita frequência, então por que já está em meia-idade começam a mostrar sinais de envelhecimento? Por que envelhecemos afinal? Por que a morte é boa para a raça humana, e por que não devemos tentar eliminar a morte natural? (Vamos supor que está ao nosso alcance.)
Por que no estado embrionário os humanos (e outros animais) repetem os estágios anteriores do desenvolvimento animal?

Por que os bebês têm rugas (e impressões digitais) nas mãos mesmo antes do nascimento?

Por que a ambiguidade de gênero às vezes é encontrada

entre as pessoas? (E por que é mais comum agora do que antes?)

Por que algumas pessoas dedicam suas vidas ao serviço altruísta, enquanto outras se tornam tiranos gananciosos (fortes e ainda assim mesquinhos)?

Por que qualquer pessoa normal geralmente pode dizer a diferença de nota "falsa", mesmo sem uma educação musical, e por que existem notas "falsas"? Por que existe uma relação direta entre música, som, matemática e até mesmo crescimento orgânico?

Por que se diz que pessoas criativas e perspicazes têm "gosto"? Por que o esporte é necessário e por que é tão popular? Como é que em quase todos os lugares abaixo da superfície do planeta há água potável?

Por que os minerais - metais, minerais, carvão, petróleo, etc. - são mais frequentemente encontrados na forma de "depósitos" espalhados uns aos outros?de um amigo a longas distâncias?

Se isso não for suficiente para você, não se desespere: talvez possamos falar sobre muitos outros assuntos que lhe interessaram. E no processo de discuti-los, este livro mostrará que o universo não é apenas "amigável" para nós: elenosso verdadeiro amigo. Sim, nosso Universo é um Ser benevolente, paciente, sábio em tudo, amoroso. Um ser que leva a sério nossos pensamentos mais elevados e melhores. Talvez eu esteja lendo sua mente. Você pensa: como você pode dizer uma coisa dessas! A história lembra tantos eventos sangrentos! Sim universo "amigável"!

Sim, todos nós experimentamos dor e perda, alguns menos, outros mais. Mas, por mais dolorosa que seja a fase humana de nossa longa jornada, se enxergarmos o quadro mais amplo da evolução cósmica, perceberemos que nosso sofrimento (relativo e temporário) tem suas causas, assim como nossas alegrias.Tudo isso é uma parte necessária em nossa evolução consciente e na evolução de nosso Universo misericordioso. Pode ser difícil de acreditar, mas todos nós desempenhamos um papel no "Plano Divino", ou no "Grande Plano Abrangente", como também é chamado. O mundo que nos é dado é incrivelmente belo e surpreendente.

E, mais importante, devemos reconhecer que a maioria dos nossos problemas (humanos) são nossa própria criação. Isso significa que a única maneira de subir mais alto e não causar mais dor a nós mesmos é elevar a consciência.O crescimento da consciência é uma e muitas vezes a única solução de todos os problemas!

E novamente (pela última vez):Qual é o sentido da vida? Em geral, a vida tem um sentido? E se sim, o que devemos fazer com isso? Toda pessoa consciente procura saber isso. Toda pessoa precisa saber disso! Saber: Devemos primeiro entender que sempre seremos uma parte, uma parte crescente desta maravilhosa - incrível - benção absoluta chamada Vida.

**Vida** é um estado em constante expansão no qual você sempre esteve e sempre estará (seja no corpo físico ou fora dele).

**Vida** experimentado como o Eterno Agora.

**Vida** permite e encoraja, na verdade até exige que realizemos nosso potencial e cumpramos nosso destino. Nosso destino envolve o crescimento constante da consciência para que possamos nos tornar nada menos que co-criadores, juntamente com todas as outras formas vivas dentro da Vida maior!

**Vida** muito mais importante e muito mais complexo do que podemos imaginar. E, mais importante, nossa grande Vida levará a humanidade a um futuro maravilhoso que está aberto para nós e aguarda apenas nossa decisão e ação equilibradas!

**Vida** isso é Tudo: o que muitas vezes, sem pensar e não apreciar, tomamos como certo. Devemos compreender e despertar para a percepção de que a pouca vida que vivenciamos é uma dádiva, aliada ao dever da Vida absoluta, que abrange todo o universo conhecido e desconhecido, tudo o que existe, o Cosmos. Alguns chamam isso de Deus.

Ao definir nossas prioridades, no entanto, nos desviamos significativamente de falar sobre novas energias que têm impacto em nosso planeta. Voltemos a este novo.

Aproximadamente a cada dois milênios, uma nova camada de ensinamentos é introduzida na consciência da humanidade e, gradualmente, a maioria das pessoas se torna adepta do novo paradigma. Essas verdades superiores vêm dos Reinos superiores e dos Seres superiores que governam a raça humana. Aqui está um dos principais conceitos do novo paradigma atual: não vivemos em um universo de matéria e espaço, mas, em essência, em um universo de energias.Lembre-se: não existe "matéria" densa!

O que tomamos por matéria é apenas o resultado da atividade de energia no nível mais baixo e mais grosseiro. E embora a ciência tenha reconhecido recentemente essa importante verdade, apenas alguns dos cientistas mais esclarecidos (e seu número está crescendo) percebem que as energias têm uma qualidade que poderia ser chamada de consciência.Vamos colocar de outra forma: a energia é o resultado da atividade da consciência. O que percebemos como matéria é, de fato, energia (consciência) no nível mais baixo.

O que é um nível? Vamos falar sobre isso com mais detalhes, porque esse assunto também é muito importante.Todos sabem que existimos e nos expressamos em diferentes níveis. Temos um corpo físico e nos expressamos fisicamente; temos emoções e nos expressamos emocionalmente; temos uma mente e, portanto, somos capazes de pensar racionalmente. Mas muitos de nós não entendem que nossos corpos emocional e mental são tão reais quanto o corpo físico, e que eles existem em seus níveis (planos, esferas) da mesma forma que nosso corpo físico existe no plano físico. E, embora geralmente estejam associados ao nosso corpo físico em estado de vigília, podem existir sem ele.

Entende-se que estas são as esferas (corpos) em que "nós" habitamos durante o sono (e também após a morte do corpo físico). Mas o aspecto correspondente de nós vive nesses campos (esferas) mesmo quando estamos acordados. No estado de vigília, esses campos (esferas, corpos) vão um pouco além dos limites do nosso corpo físico e podem ser percebidos de fora como nossa "aura".

Todos os nossos corpos de energia (tanto inferiores quanto superiores, espirituais) juntos formam nosso campo de energia, nosso verdadeiro "eu". Cientistas de mentalidade ortodoxa estão tentando provar que existe apenas um plano físico e que todas as nossas várias emoções e pensamentos nascem de causas físicas. Eles nunca provarão isso: os elementos químicos, como outras matérias, não são capazes de pensar e sentir como nós em nível humano. O que é verdade é que esses corpos de energia mais sutis penetram profundamente em nossoo corpo "físico" quando estamos vivos e acordados.

Nosso próprio corpo físico é apenas uma forma de energia inferior e mais grosseira. Para ver isso, considere os casos em que as pessoas estão gravemente feridas e "desmaiam" (permanentemente ou temporariamente), mesmo que o cérebro não tenha sido fisicamente danificado. Por outro lado, há casos em que uma pessoa tem uma lesão cerebral grave ou até mesmo tem uma parte significativa do cérebro removida, mas a capacidade mental não édiminui e ele ainda mantém as habilidades de pensamento. Isso não indica que temos uma mente que não depende do cérebro para sua existência, mas que usa o cérebro como meio de funcionar no mundo físico?

Ainda há muito a ser aprendido sobre o chamado "retardo mental" no futuro. Não acho que na maioria dos casos a personalidade ou a mente sejam retardadas; em vez disso, esse corpo mental não concorda o suficiente com o corpo físico, talvez devido a lesões físicas. Ou pode ser porque o Eu Superior, ou Alma, está perseguindo seus próprios objetivos.Uma possível razão para o "retardo mental" pode ser que ao longo de muitas vidas a mente se tornou muito dominante e na verdade bloqueou o aspecto do amor. Em tais situações pode seré desejável "deixar de lado" a mente (até certo ponto) por um período de uma vida, para que a energia do Amor (Coração) possa fluir livremente e trazer mais harmonia a um ser vivo.

É bastante óbvio que as verdadeiras ameaças à humanidade vêm daqueles cujo coração, ou "corpo de amor", é defeituoso! Não daquelesque tem deficiências no corpo mental, emocional ou físico. Precisamos entender que nosso mundo físico e nossas sensações físicas são apenas uma forma (relativamente) baixa e grosseira de energia e, de fato, são como uma sombra distorcida dos mundos superiores. E, mais importante, devemos desenvolver uma consciência superior em nós mesmos para entender esses mundos superiores. Só então será muito mais fácil compreender outros reinos da realidade. Isto é especialmente verdadeiro para os planos ou mundos espirituais. Sim, existem planos imensos, mais elevados (alguns os chamam de espirituais), ou mundos (ou esferas? dimensões? campos?), e o mundo interior do indivíduo vagamente e em um nível muito inferior os reflete.

Agora vamos ser claros sobre o que queremos dizer com "planos ou mundos espirituais".Além de todas as associações que podemos ter com a palavra "espiritual", ela se refere principalmente a níveis específicos de consciência que estão relacionados, mas transcendem, os reinos de consciência em que normalmente habitamos. Em outras palavras, em qualquer dimensão (mundo) um certo ser vive (mineral, vegetal, animal, humano, no mundo da Alma, etc.), seres em reinos superiores em certo sentido desempenham uma função evolutiva "espiritual" em relação a seres que estão nos reinos de níveis inferiores. Isso significa que nós humanos podemos ser considerados "espirituais" em relação aos reinos inferiores.

Portanto, tornando-se maisiluminados, começaremos a ter maior responsabilidade por eles. Da mesma forma, aqueles que estão acima de nós na onda da vida (nós os chamamos de anjos da guarda ou espíritos guias, a Hierarquia Espiritual, etc.) são os responsáveis por nos ajudar em nossa evolução.Quando nossa consciência crescer, quando nos tornarmos seres sábios e amorosos e formos iniciados no próximo reino superior (o reino do puro Amor-Sabedoria), não o perceberemos mais como um céu espiritual, mas simplesmente como nosso habitat habitual. (Falaremos sobre isso mais tarde.)

Vejamos de um ângulo diferente: se algum grande Ser Divino (cujo habitat normal é o mundo espiritual) desceu a um nível inferior, que, no entanto, para nós ainda permanece espiritual, então para esse grande Ser seria uma tragédia, rebaixando, se você quiser. As escrituras e mitos do mundo nos dizem que isso realmente aconteceu (embora raramente).É claro que não estamos falando aqui daqueles que se sacrificam ao encarnar no reino humano para ajudar a nossa maior iluminação. Enfatizamos mais uma vez: falando de "níveis espirituais", queremos dizer simplesmente níveis superiores de consciência nos quais ainda não habitamos conscientemente e que, portanto, não podemos entender completamente. É claro que esses reinos espirituais não se assemelham em nada a um quadro infantil ingênuo em que pessoas bonitas se sentam em nuvens e ouvem a música de harpas, e anjos que os observam esvoaçam ao redor.

Todos os professores e escritos inspirados nos dizem que esse espectro superior da Vida é percebido como mais brilhante e significativo do que os reinos que agora habitamos. E, embora descubramos que a vida nesses reinos superiores traz muito mais alegria, nossa busca espiritual continuará lá.Quando alguém merece o direito de entrar (ou mudar para) este plano de existência (e isso eventualmente acontecerá a todos nós através de nossos esforços ao longo de muitas vidas), ele está convencido de que este é o nível das melhores qualidades humanas - e muito mais. É a sede da mente abstrata - a mais alta correspondência da mente discriminadora - onde a compreensão intuitiva (sua às vezes chamado de conhecimento direto).

Este é o Reino onde o Amor sábio e a Sabedoria amorosa reinam supremos! Compaixão, altruísmo e razão pura enchem a atmosfera.Este é o "Céu", onde todos estão unidos por uma Vontade ardente, focada e proposital para servir ao Plano Divino. Estes são os três aspectos principais, ou os três Feixes de Energia Divina. Espaço! Naqueles raros momentos em que alcançamos nosso estado mais elevado de consciência amorosa alegre, quando experimentamos nossos pensamentos mais sutis, tocamos apenas o reflexo inferior desse verdadeiro lar de nosso Eu espiritual (falaremos sobre isso mais tarde). Mas deve-se notar que aqueles seres que ultrapassaram o nível físico em seu desenvolvimento e cuja consciência está concentrada nestes, como os chamamos, mundos espirituais, percebem tudo de uma maneira completamente diferente, não da mesma maneira que nós. Claro, isso é de se esperar, porque a perspectiva deles é muito mais alta e mais ampla do que a nossa.

Outro ponto importante: tudo o que você, eu ou qualquer outra pessoa realmente conhece são nossos pensamentos e sentimentos. Em última análise, é impossível provar com absoluta certeza que existe algo além da consciência. Você não precisa pensar muito para se convencer disso. Mas "jogos mentais" não são a intenção deste livro. Existem muitas razões importantes pelas quais o que percebemos como o mundo exterior existe, e isso deve ser levado a sério.
Vamos voltar à energia.

À medida que começamos a perceber que "tudo é energia", que toda energia tem o potencial de ser boa ou ruim (para nós), e que tudo o que entra em contato nos afeta de alguma forma, começamos a ver as diferenças muito melhor. entre forças. Qualquer lugar, qualquer pessoa, árvore, clima, barulho, música, cor - tudo, até certo ponto, contribui para o crescimento de nossa consciência ou a retarda.Assim, quando alguém começa a perceber que Tudo é Energia, e aprender a linguagem da energia é o passo mais importante na evolução espiritual desta personalidade! Podemos entender a energia como o que percebemos no nível dos sentidos físicos, mas as energias realmente significativas são extremamente sutis e só podem ser sentidas com a ajuda de nossos corpos energéticos superiores (espirituais) (e seus centros) que têm a vibração apropriada. frequências. Uma pequena digressão.

O exposto acima explica por que devemos, sempre que possível, usar os "dons da natureza" em seu estado natural - quando as energias estão melhor equilibradas e se complementam, resultando no efeito mais benéfico. Devemos entender que o todo não é de forma alguma a soma de suas partes! O todo, e o todo sozinho, contém toda a essência interior da Vida. É por isso que quando desmontamos um produto natural e tentamos isolar, concentrar e coletar sua essência, muitas vezes muito se perde irremediavelmente. Tal estupidez já nos fez muito mal: doenças, toxicodependência, outros vícios, etc. Sejam energias "físicas" ou "sutis", se estamos tentando isolar vitaminas dos alimentos ou energia luminosa da luz solar, devemos Compreendo:Devemos entender que mesmo as formas inferiores de energia não são apenas forças cegas: elas têm seu próprio ritmo de vibração e correspondem às manifestações superiores de energia.

Por exemplo, sabe-se que as proporções em nosso sistema solar (as órbitas dos planetas, etc.) estão diretamente relacionadas ao que percebemos como harmonia musical, formas geométricas, proporções matemáticas e assim por diante. É devido à onipresença de proporções e proporções corretas que as pessoas subconscientemente percebem alguns sons e formas como bonitos e outros como "feios" e, finalmente, aprendem a usarproporções e relacionamentos corretos em todos os seus assuntos. Isso por si só deveria ser suficiente para mostrar aos maiores céticos que todo o universo é baseado em uma única ideia, um plano. Vamos esclarecer: o Plano Divino. Se falamos de criação, sabe-se que em várias tradições religiosas tudo começa com uma palavra ou som. O som inicia ou, pelo menos, acompanha o início da manifestação física. Está certo. O som, audível ou inaudível, acompanha a criação (e destruição) da matéria, assim como a luz (e energias ainda mais altas de alcance eletromagnético) é um criador nos níveis mais elevados. Quando esta vibração que acompanha o universo atingir a plena harmonia, teremos uma sinfonia de esferas, o cosmos se completará e poderemos mergulhar na paz silenciosa.

Resumindo: Matéria-Espaço = Energia = Consciência; é tudo a mesma coisa, mas é percebido de forma diferente em diferentes níveis deiluminação. No entanto, a Consciência ainda é primária; na verdade, este é o universo. Tudo é Vida Consciente! Sim, cada átomo, molécula e célula, cada pedra, cada planta, para não mencionar cada galáxia, estrela ou planeta - tudo é dotado de sua própria energia inerente, sua própria forma de consciência. Além disso, o que chamamos de "espaço" na verdade simboliza o mais alto nível de Consciência. Diz-se: "Deus habita nas brechas". Em caso afirmativo, que significado isso tem para a ciência (ou "arte") da astrologia?

Se vivêssemos em um universo de matéria, então os princípiosastrologia seria difícil de reconhecer de alguma forma confiável. Por outro lado, se todo o universo consiste em energias conscientes (na verdade, de grandes Seres) que formam uma unidade cósmica, isso, é claro, é auto-evidente.por si só ainda não prova os princípios básicos da astrologia, mas pelo menos oferece um contexto no qual as energias do que percebemos como corpos cósmicos podem afetar a nós e ao nosso planeta. Se a gravidade, a luz do sol e o "vento solar" conhecido por nós, os raios cósmicos e muitas outras forças conhecidas e desconhecidas afetam nosso planeta em níveis mais baixos (essas influências podem ser medidas com a ajuda de instrumentos atualmente existentes, ainda imperfeitos), não pode energias estelares ou planetárias também têm um efeito sobre nós em níveis mais elevados que ainda não é mensurável por instrumentos? Nossa jovem humanidade nem começou a estudar a miríade de energias e forças que formam nosso cosmos. Existem outros níveis e gamas de ser que ainda não podemos imaginar.

Vamos ver onde essa linha de raciocínio nos leva. Se (como afirmam os Ensinamentos da Sabedoria) o Universo é a extensão infinita da Vida, a Mente Cósmica que abrange todos os níveis de consciência e se estende desde o "sono sem sonhos" da pedra até a incompreensível e grandiosa mente ígnea do grande "Senhor" da galáxia - e além disso Então, o que exatamente é a consciência? Claro, isso é algo muito mais e muito diferente de qualquer coisa que nós humanos podemos compreender com nossas mentes muito limitadas hoje. A impossibilidade de determinar as qualidades dessa consciência possuída por reinos superiores, inferiores ou paralelos é óbvia: para issoprecisamos ter um nível de consciência comparável. Uma vez que a humanidade ocupa apenas uma pequena parte em uma gama muito grande de Vida-Consciência, não há necessidade de falar sobre isso.

Na primeira tentativa de dar uma definição de consciência, encontraremos imediatamente as severas limitações de nossas línguas europeias – línguas principalmente de comércio e tecnologia, quase alheias ao Espírito. O significado atribuído à nossa palavra "consciência" é reduzido ao domínio da razão e do sentimento, porque é aqui que a humanidade se polariza e, portanto, a palavra em si não pode significar nada que vá além dessas funções.Mas a linguagem molda (e limita) nossos conceitos!

Além disso, as pessoas envolvidas na física geralmente estão focadas em sua mente concreta (inferior) e percebem tudo neste nível. Eles não são capazes de ver claramente nos níveis mais elevados e abstratos da consciência humana e, portanto, é difícil para eles compreenderem esses mundos mais sutis.(Há razões para isso, e falaremos sobre isso mais tarde.) Assim que nossa consciência se expande e se eleva a tal nível que já captura a esfera do amor-sabedoria (uma esfera muito importante!), começamos a compreender o enorme potencial que temos e os grandes dons superiores que nos aguardam.

Podemos não entender isso imediatamente, mas quando começamos a nos relacionar com a vida com senso de responsabilidade e boa vontade, entramos no Caminho (que nós mesmos criamos) - o caminho espiritual mais elevado que todos estão falandoreligião. Uma responsabilidade. Boa vontade. Atenção. Graças a eles, a sabedoria é adquirida gradualmente ao longo de muitas vidas. Com esforço e com o tempo nos tornando suficientemente sábios e puros, eventualmente deixamos de ser animais de auto-elogio e começamos a experimentar e viver nossa Divindade interior. Desta forma, adquirimos o desejo e a capacidade de nos tornarmos verdadeiros servos do planeta.

Neste passo mais importante, começamos a cumprir nosso papel destinado no reino humano, ou seja, nos tornamos co-criadores conscientes! E junto com outros seres de todos os reinos, com apoio espiritual, começamos a trabalhar no processo de implementação do Plano Divino. Sabemos como isso aconteceu ao longo da história através das biografias de personalidades extraordinárias - aqueles artistas, filósofos, professores espirituais e cientistas que ajudaram e estão ajudando a desenvolver nossa verdadeira civilização. Esses seres altamente desenvolvidos são frequentemente chamados de luminares ou tochas, porque possuem uma Luz interior que reflete um alto grau de sabedoria e inteligência pura, inalcançável para a maioria das pessoas. Mas você precisa saber que é nessa direção que a maior parte da humanidade está agora gradualmente se apressando, e esse processo continuará na próxima era. É interessante notar que muitas dessas pessoas provavelmente nem sabiam que estavam ajudando na evolução planetária.

Podemos pensar que a consciência é o acúmulo do que absorvemos através de nossos sentidos e processamos com nossas mentes. Mas repito: a iluminação mais elevada chega até nós através de nossos centros superiores, centros de energia, que em algumas tradições são chamados de chacras (falaremos sobre isso mais tarde), e não através de nossos sentidos físicos. Como nosso planeta está cercado e permeado por inúmeras energias emanadas de fontes cósmicas e solares, bem como das formas-pensamento de nossas vidas planetárias em todos os níveis, a analogia com a sintonia de um receptor de rádio será apropriada: escolhemos qual dessas ondas "truque". Mas também nos irradiamos! Por isso é tão importante cuidarmos em relação aos nossos pensamentos. Afinal, a mente é a "construtora" no nível mental, e devemos ter cuidado com o que construímos. E é por isso que a oração e a meditação sinceras e altruístas podem nos sintonizar com as vibrações mais elevadas (ritmos), ajudando-nos assim a "absorver a Luz".

Vamos dar uma olhada mais de perto na analogia da luz aplicada ao nível de crescimento espiritual. A luz no sentido literal e figurado da palavra começa com a máxima liberdade. Entrando em contato com a matéria (impregnando a matéria, se preferir), ele perde alguma liberdade, mas ao mesmo tempo eleva a "consciência" da matéria.A penetração do Espírito na matéria cria a consciência. Então, com o tempo, essas energias espirituais separam aquela parte da matéria que recebeu a Luz, permitindo assim que ela ascenda, ou continue seu crescimento, no reino onde estava - mineral, vegetal, animal, humano ou outro. A parte não iluminada restante é deixada para esperar pela próxima onda, e esse processo continua até que finalmente tudo seja "liberado" ou atinja a "perfeição".

Esta é a verdadeira evolução, a evolução da consciência. Libertação da matéria! As teorias científicas modernas afirmam que o universo "desacelera" (a segunda lei da termodinâmica), mas na verdade é exatamente o oposto: a consciência inferior (o que percebemos como matéria) sobe para a consciência superior (espiritual). "Matéria" se transforma em energia – Energia Espiritual. O universo real ganha vida cada vez mais. E nós fazemos parte disso tudo! Também podemos pensar que a "matéria" existe apenas no plano físico, mas os reinos da consciência também têm seus próprios níveis mais grosseiros ou inferiores. Assim, algo análogo ao processo descrito acima ocorre em todas as dimensões à medida que o trabalho de iluminação "Uma Vida" supera a inércia dessas energias inferiores e mais grosseiras.

Outro segredo importante: uma característica de toda energia em Nosso Universo Consciente é o desejo de equilíbrio e harmonia. Este é um dos caminhos do Cosmos para a perfeição final. E no plano físico, isso é realizado graças à conhecida lei de ação e reação. Devemos entender que, como todas as leis físicas, tem correspondências superiores em planos superiores. No reino humano, equilíbrio e harmonia são finalmente alcançados através da justiça. Isso significa que nada "passa sem deixar vestígios" - por nossas ações, multiplicamos o que nos é dado ou tiramos esses presentes. No final das contas, tudo se equilibra.De fato, "o que semeamos, então colheremos!"

Nos níveis ocupados por nossas personalidades (físico, emocional, mental), a manifestação dessa lei no tempo é chamada de carma. Estamos ganhando e continuaremos a ganhar"positivo" ou "carma negativo" dependendo de nossas ações. É importante entender que o carma existe não para nos punir, mas para nos ensinar. E quando chegarmos a um nível em que usamos nossa mente, amor e sabedoria para não provocar ações erradas (razões), não teremos que sofrer mais com as contra-ações (consequências) das forças que colocamos em movimento. Vamos agora nos perguntar: podemos tentar compreender o infinito, esses reinos mais elevados, a Mente de Deus? Claro que não podemos!

Mas podemos discernir alguns detalhes dos aspectos e atributos Divinos em nosso nível inferior de existência. Isso nos traz de volta à fonte de Tudo: Vida Cósmica, onde tudo "vive e se move e tem seu ser" (veja Atos 17:28). Como podemos nós, que estamos apenas no estágio humano do caminho Divino, conhecer o Incognoscível? O que podemos saber sobre a Divindade absoluta de todas as religiões, sobreo Princípio Universal e as "Leis da Natureza", como os cientistas o chamam, sobre este Universo Infinito, Onisciente, Onisciente, Amoroso e Vivo, no qual nós e tudo o mais temos um papel tão importante a desempenhar? Principalmente: Tentando descobrir algo sobre energias universais (isto é, universais), colidimos repetidamente com os números "três" e "sete", com trindade e setenário. Aqui estão alguns exemplos dos sete no universo:

As sete cores do arco-íris.

Sete notas.

Sete tipos de estruturas cristalinas.

"Sete buracos" na cabeça humana.

Sete principais centros de energia - chakras.

Sete períodos de idade da vida (falaremos sobre isso mais tarde).

Sete maravilhas do mundo.

Sete dias da criação e sete dias em uma semana. Até os sete pecados capitais.

E essa lista pode continuar. Quanto à trindade: do ponto de vista científico, toda energia, tudo o que se manifesta consiste na polaridade e na força gerada por essa polaridade. Os pólos positivo e negativo e a força gerada por eles são sempre triplicidade, começando com o átomo e até o Cosmos como um todo. Outra qualidade que toda expressão de Vida tem é que em tudo, incluindo todo o Universo, atividade e aparente calma se alternam. Nos Ensinamentos da Sabedoria, isso é chamado de manifestação (manifestação) e pralaya, respectivamente. Em um futuro próximo, os cientistas aprenderão muito mais sobre a universalidade desse fenômeno.

Nos ensinamentos religiosos ao redor do mundo, os números três e sete são muito comuns.Em toda parte é dito que a Unidade Absoluta, ou Deus, se manifesta em três aspectos. Em nosso próprio reino humano, podemos entender esses três aspectos como:

1. Desejo divino;

2. Amor divino;

3. Mente Divina.

Todas as religiões são baseadas nesta Trindade e a divinizam na forma de Divindades personificadas. No cristianismo patriarcal, este é o Pai, Filho e Espírito Santo, no hinduísmo ortodoxo - Shiva, Vishnu e Brahma, em outras religiões - o divino Pai, Mãe e Filho, etc.Eles estão conectados com os três primeiros Raios Cósmicos. Nos níveis superiores, quatro qualidades adicionais (ou Raios) são atribuídas ao Terceiro Raio, a Mente Divina. Juntos, eles formam sete. Vamos nomear Raios adicionais:

Raio 4: Harmonia-Beleza por esforço ou luta; Raio 5: Conhecimento Concreto;

Raio 6: Idealismo e devoção;

Raio 7: Organização e Ritual criativo ou Ritmo. Em outras palavras, consciência espiritual superior:

7) perfeitamente organizado,

6) representa um ideal em qualquer situação

5) tem tudo conhecimento

4) cria perfeita beleza e harmonia,

3) se expressa profundamente de forma inteligente e ativa,

2) sábio, benevolente, cheio de amor,

1) tem a Vontade e o Poder para garantir que tudo fosse possível.

Esses signos correspondem aos Sete Raios Divinos. Os sete raios podem ser divididos em três raios de aspecto e quatro raios de atributos. Essas sete energias conscientes, que permeiam todo o Universo e, entre outras coisas, determinam as qualidades de nossas personalidades, vêm de um Princípio imutável e incognoscível - vamos chamá-lo assim por falta de uma palavra melhor. Muitas religiões do mundo o chamam de Deus.

Mais adiante neste livro, continuaremos a falar dos três principais raios cósmicos de energia, bem como de outros quatro, que juntos formam o setenário espiritual. Lembre-se dos "sete espíritos diante do trono" (veja Ap. 4:5)? Três e sete - esses números são encontrados repetidamente em ensinamentos religiosos e seculares.É muito importante saber que toda a vida no universo - da pedra ao sistema solar - surge sob a influência desses sete raios mais poderosos de energia cósmica, agindo em uma combinação ou outra.

Em outras palavras, em nosso Universo Consciente, os Sete Raios são a força motriz por trás da evolução. Eles dão o impulso necessário para que toda a vida se desenvolva ainda mais, para seu próximo passo. Não existem raios bons ou ruins. Qualquer energia pode ser mal utilizada! O resultado depende de muitos fatores. Se falamos sobre como isso se manifesta em uma pessoa, o principal fator é o nível de consciência espiritual alcançado. Por exemplo: A pessoa do "Primeiro Raio" que demonstra o Raio de Vontade e Poder está cheia da energia dessas qualidades. Em um pólo pode ser um tirano que domina pela força, controle, crueldade e valoriza apenas o poder sobre os outros. Em uma virada mais alta da espiral evolutiva, as pessoas do Primeiro Raio, sendo líderes por natureza, usam sua vontade para ajudar a humanidade e levá-la adiante.

A pessoa do "Segundo Raio" demonstra as qualidades do Amor-Sabedoria e pode ser uma pessoa fraca, medrosa ou inofensivamente sentimental, ou alguém que exemplifica compaixão, altruísmo, coragem e discernimento sábio em ajudar a humanidade. Estas são as qualidades do Coração.Uma pessoa carregada com as energias do "Terceiro Raio" da Razão e Atividade pode espalhar energia em ações sem sentido ou tentar manipular os outros para seu próprio benefício. Mas se ele é uma pessoa iluminada até certo ponto, então ele usa suas habilidades mentais para melhor coordenar a energia para elevar o nível da civilização humana. Este feixe está associado à "Lei da Economia" (que se manifesta como eficiência).

As pessoas do "Quarto Raio", o Raio da Harmonia através da Beleza (ou Conflito), não são chatas, adoram discutir e podem até ser briguentas. Eles gostam de correr riscos, rapidamente se cansam da segurança. Mas são pessoas criativas, muitas vezes dramáticas e extravagantes, que podem criar uma beleza incrível na forma, música, literatura, drama, etc. (Não é incomum que atores e outras pessoas criativas tenham uma natureza briguenta.)

Mas o homem do "Quinto Raio", pelo contrário, às vezes pode parecer chato. Porque é o Raio do Conhecimento Concreto ou Ciência. Na pior das hipóteses, essa pessoa pode ficar atolada em ninharias insignificantes. Mas este Raio (como o quarto) é o Raio do reino humano. É ele que nos leva a nos tornarmos seres pensantes. Este Raio guia a humanidade em direção à tecnologia e informação (e longe do foco nas emoções e desejos). Agora tal influência é muito necessária.

O homem do "Sexto Raio" pode nos levar ao abismo da mente estreitafanatismo - ou, se for uma pessoa iluminada, às alturas dos maiores ideais. Afinal, este é o Raio do Idealismo e da Devoção. Ele teve uma forte influência sobre a humanidade ao longo dos últimos séculos.

E, finalmente, o Sétimo Raio é o Raio da Organização e do Ritual. Ele agora está começando a influenciar todo o nosso planeta e já nos deu (entre outras coisas) o tipo de burocrata que não vê nada além de suas regras e regulamentos.Mas graças a esse mesmo Raio, surgirão grandes e pequenos grupos e organizações que darão às pessoas a oportunidade de realizar seu potencial. E, o que é muito importante, a energia do Sétimo Raio permitirá à humanidade conhecer e usar os ritmos e rituais da Vida!

Todos nós conhecemos pessoas que se encaixam nas descrições acima. Mas na maioria das vezes as pessoas demonstram as qualidades de mais de um raio. O fato é que nosso corpo físico e os corpos emocional (astral) e mental, e o "eu" inferior (personalidade) e a própria Alma têm seu próprio raio. Sua combinação determina o que seremos na encarnação.E é muito importante destacar sua essência sutil dos nossos aspectos mencionados! O conhecimento dos Sete Raios começou a ser revelado à mente humana no final do século XIX. Talvez este seja o sacramento principal e mais importante daqueles que estão se manifestando fora hoje.

Muita informação está agora disponível sobre os Sete Raios, e será muito útil se familiarizar com ela.Se, compreendendo as energias divinas e mergulhando em novas revelações que estão agora disponíveis para a consciência humana, você experimenta choque e medo, lembre-se do lado "brilhante" (ou iluminado) da moeda. Pense no futuro glorioso que a humanidade tem reservado se não perdermos esta oportunidade de elevar e expandir ainda mais nossa consciência. É claro que alguns preferirão permanecer "ligados" às suas velhas ideologias e sistemas de crenças e não aproveitarão as novas energias e novas oportunidades de mudança e crescimento. Mas vamos pensar: queremos continuar "homens das cavernas"? Eles também provavelmente estavam satisfeitos com suas crenças primitivas. Então, aqui estão os pontos mais importantes que eu queria abordar na primeira seção:

O Universo (Cosmos) como um todo é uma energia consciente. O Universo (Cosmos) como um todo é Unidade. Esta Unidade se manifesta no Universo como sete Raios Cósmicos de energia. O Universo (Cosmos) busca equilíbrio e harmonia, que se manifesta no reino humano como justiça. Toda a Vida está substituindo interminavelmente uns aos outros estados de atividade e paz exterior.

Exploraremos esses e outros tópicos com mais detalhes posteriormente no livro.Mas primeiro, devemos esclarecer algo para nós mesmos, sem o qual nosso progresso ascendente é impossível.

## O Universo Como Nosso Professor

Em algum lugar do laboratório, um lindo rato branco está correndo agilmente pelo labirinto. Este pequeno roedor conhece seu caminho e sabe o que o espera no final - ele já esteve lá mais de uma vez. Com bastante confiança e sem problemas, ele chega onde quer. Quase sem parar, ele se levanta sobre as patas traseiras, aperta um pequeno botão com seu nariz pequeno e observa com agradável antecipação como grãos de comida caem de algum lugar acima.Se pudéssemos ler os pensamentos dos camundongos, talvez agora saberíamos como esse animal se orgulha de ter aprendido a obter comida saborosa e satisfatória. Ao mesmo tempo, ele não faz ideia das pessoas (elas estão fora de seu campo de visão) que agora o observam e que conceberam e encenaram esse experimento.

Vamos pensar: nós humanos somos tão diferentes desse camundongo? Vivemos nossas vidas, "descobrimos" nossas descobertas, "inventamos" nossas própriasinvenções (e obter nossa própria comida). Não levamos crédito por nossos resultados? Ao mesmo tempo, não sabemos a verdade de que existem seres muito mais sábios e desenvolvidos que estão nos observando de outras dimensões. Seres superiores que surgem com ideias que promovem nosso progresso e surgem com novas situações de aprendizado que nos levarão - individual e coletivamente - ao próximo estágio de nossa evolução. Muitos inventores e pesquisadores admitem que foram ajudados por "relâmpagos" de intuição, sonhos ou insights. Sabe-se também que muitas invenções e descobertas foram feitas simultaneamente em diferentes partes da terra por pessoas que (conscientemente) não entraram em contato umas com as outras.

Chegamos ao nosso segundo tema principal: o universo que nós humanos percebemos com nossa mente e cinco sentidos físicos nada mais é do que um ambiente de aprendizagem perfeitamente organizado. Sim, o que nos parece uma extensão infinita de espaço com inclusões ocasionais de matéria cósmica ("macrocosmo"), bem como nossos próprios corpos físicos ("microcosmo") é na verdade um professor. O professor é tão perfeito, sábio e amoroso que, seja qual for o reino da natureza que uma "unidade de consciência" evolua (mineral, vegetal, animal, humano ou outro) e em qualquer nível de desenvolvimento que esta unidade esteja, seu entorno certamente será usado por seu Eu Superior para elevar esse indivíduo ao próximo nível de iluminação. Cada evento, cada experiência que temos na vida nos dá a oportunidade de aprender alguma coisa. Muitas vezes a experiência é repetida várias vezes até que finalmente aprendemos com ela.

E novamente, vamos falar sobre a necessidade de desenvolver a consciência. O teatro da vida não é apenas eventos ("peça"), mas também um palco com cenário, que também é necessário para que a peça aconteça. A vida dos reinos mineral, vegetal e animal nos ensina tanto quanto os céus. Mas o mais importante, como já mencionado, é desenvolver a qualidade da discriminação ao longo da vida. A discriminação contribui para a percepção (e, em última análise, para a criação) das proporções e relações corretas em todas as coisas. No plano físico, proporção e relacionamentos corretos dão o que percebemos como verdadeira beleza, e a beleza é uma das manifestações mais baixas do Amor Cósmico. Tomemos, por exemplo, a arte (qualquer): a verdadeira arte surge devido ao fato de o artista aplicar discriminação ao escolher e combinar as proporções e proporções corretas, cujo resultado é a beleza. E a beleza é apenas uma das maneiras pelas quais o universo nos ensina a importância dessas qualidades: distinção, proporção, consistência.

A verdadeira arte em todas as suas formas, da arquitetura à tecelagem, é a forma mais baixa de Amor cósmico criada pelo homem (no plano físico). Portanto, nossas criações são a manifestação mais elevada de uma forma puramente física. Todos nós já ouvimos que o escultor, ao trabalhar com uma pedra, corta tudo o que é desnecessário para liberar a beleza contida nela. Talvez isso se aplique a todas as manifestações de amor: está em toda parte, só precisa ser liberado? Talvez seja o mesmo na música: o compositor não usa todos os sons possíveis de uma só vez, mas escolhe de sua variedade apenas belos e,A conclusão é esta: precisamos liberar o Amor Espiritual codificado e permitir que ele fortaleça nosso próprio Amor rudimentar. Devemos lembrar: o que percebemos como "bondade, verdade e beleza" em nosso mundo inferior nada mais é do que o reflexo inferior da Razão, Sabedoria e Amor no mundo espiritual!

E, é claro, desenvolvendo em nós mesmos a capacidade de distinguir entre as proporções e proporções corretas, devemos aprender a descartar tudo o que não contribui para a "bondade, verdade e beleza".Vemos o processo acontecendo: nos reinos inferiores (incluindo nosso próprio corpo), o que é útil é absorvido e o resto é rejeitado. E o que "não é útil" nos reinos superiores pode ser muito bom para os inferiores (uma espécie de cadeia alimentar fechada). É assim que se desenvolve o que chamamos de "a graça da natureza". Em um plano astral superior (emoções e desejos), uma das formas de manifestar o Amor é a arte das corretas relações humanas. No nível mental, uma das maneiras de manifestar o Amor é a arte da matemática superior.

Vamos repetir mais uma vez: qualquer arte genuína, não importa a que esfera pertença, é um reflexo inferior, ou correspondência inferior, da realidade espiritual superior do puro Amor Cósmico. Requer uma distinção que leve à proporcionalidade e às proporções corretas.Assim, quando tomamos consciência do Universo como professor, um dos primeiros e mais importantes insights que nos são sugeridos são as correspondências, ou semelhanças de relacionamentos.

Eis alguns exemplos de correspondências: o despertar e o sono correspondem à vida e à morte; estações - com períodos de vida; a vida de um indivíduo é comparável à evolução da humanidade como um todo. (Falaremos mais sobre isso em breve.) De fato, tudo o que em nossa existência física percebemos como "bom, verdadeiro e belo" tem uma correspondência maior - alguma realidade espiritual importante!Isso nada mais é do que uma lei universal - a Lei da Correspondência: "Assim como em cima, também embaixo". Como existem correspondências em todos os níveis de consciência em que nos encontramos, e entre eles, é precisamente "acima" que está a Realidade, e "abaixo" (o mundo físico com o qual nos identificamos) é uma realidade virtual, mais como uma realidade virtual sombra!

Continuaremos ao longo deste livro a dar exemplos de correspondências que indicam que a Vida é um meio de infinitas lições potenciais.Falando do fato de que o universo é nosso professor, não esqueçamos de mais uma grande ajuda prestada à humanidade: aqueles grandes Seres iluminados que, por sua própria vontade, trazem um enorme sacrifício para promover a evolução em nosso planeta e em particular em nosso reino humano. Mas antes de falarmos mais sobre essas grandes Almas, vamos primeiro enfatizar que, em última análise, existem apenas duas abordagens filosóficas para o problema da realidade absoluta.

a) A escola materialista sustenta que o universo não tem propósito aparente. Tudo o que existe, incluindo o pensamento e o sentimento humanos, é feito de matéria-energia física - ou é uma consequência de seu trabalho. E,até onde sabemos atualmente, a humanidade terrena é a forma mais elevada de inteligência no universo.

b) De acordo com a abordagem espiritual, o universo tem um propósito. Além da dimensão física da realidade, existem outras. Esses mundos são habitados por Seres (ou Vidas) com outros níveis de consciência que podem (e influenciam) a humanidade.

Existe uma crença generalizada entre os espiritualistas de que pelo menos alguns desses Seres (que vivem em dimensões superiores, ou planos superiores) são muito mais sábios e têm habilidades muito maiores do que os humanos. Muitos também acreditam que pelo menos alguns desses Seres se uniram voluntariamente em um grupo (algo como um ashram planetário espiritual). E esses Seres Divinos se encarregaram de fornecer assistência moral à humanidade, não interferindo em nosso livre arbítrio, mas facilitando o movimento na direção que é consistente com o propósito Divino do Universo. Em várias tradições religiosas do mundo, os membros deste grupo são chamados de forma diferente: santos, anjos, mestres, etc.

Uma vez que eles estão além de nossos conceitos de gênero e forma, vamos simplesmente nos referir a esses Anciões iluminados como Guias Espirituais ou a Hierarquia Espiritual do planeta. (E um dos objetivos deste livro é ajudar, ainda que um pouco, mas inspirar outros a ajudar, esses Seres Divinos em Seus esforços para levar a humanidade à realização de seu destino cósmico.)Também é muito importante perceber que recebemos orientação Divina não apenas de outros Seres; também temos, e sempre tivemos, nosso próprio Guia Interior, nosso Eu Superior, que quer nos ajudar a aproveitar ao máximo nossas oportunidades.

Em diferentes tradições e sistemas de crenças, existem diferentes nomes para este aspecto do nosso grande "eu": superconsciência, "eu" transpessoal, alma, anjo solar, anjo da guarda, etc. Neste livro eles serão usados como sinônimos. Mas deve-se enfatizar que nós humanos temos uma Alma individual, enquanto os subgrupos dos reinos inferiores (animais, plantas, minerais) têm uma alma"grupo". (Observe o comportamento de bandos de pássaros, cardumes de peixes, enxames de insetos, etc., e você entenderá muito sobre isso.)

Mas voltando às pessoas. Assim que começamos a entender que temos nossa própria orientação superior pessoal, para viver em harmonia com este grande Ser e receber instruções dele (na verdade, todo o Universo que percebemos é a expressão física do Grande Ser), tremendas mudanças comece dentro de nós. Começamos a perceber eventos e objetos do ponto de vista de sua energia interna, e não de sua manifestação externa, e tentamos entender quais lições devemos aprender com tudo isso. Claro, não apenas as "mensagens" óbvias do Universo, mas também as mais sutis podem nos ensinar muito. Por exemplo, nossa Alma muitas vezes cria situações no espaço e no tempo que percebemos como coincidências, mas na verdade são planejadas. Devemos ser sempre sensíveis a taiseventos (cientificamente chamados de sincronísticos)! Essa é uma das maneiras mais comuns de nos guiar e ajudar na vida. Muito tem sido escrito sobre sincronicidades. Você provavelmente pode se lembrar de seus exemplos em sua própria vida. Em algum momento, você experimentou uma surpresa agradável (ou desagradável). Foi só muito mais tarde, em retrospecto, que você entendeu como esse evento contribuiu para o seu crescimento pessoal. É difícil superestimar a importância do momento certo - tanto quando planejamos quanto quando avaliamos os eventos de nossas vidas.

O conhecimento dos processos em andamento leva a pessoa cada vez mais longe no mundo da sabedoria, e este é precisamente o mundo - o mundo espiritual. Com o acúmulo e uso da sabedoria, a velocidade de nossa evolução aumenta drasticamente!Aqui está o que isso significa: Ao nos tornarmos sábios o suficiente para começar a aproveitar essas oportunidades sempre presentes, progredimos muito mais rápido em nossa iluminação espiritual e experimentamos as dores da ignorância com muito menos frequência. Além disso, quando este é um aspecto muito importante da iluminação, a vida se torna muito mais clara e começamos a viver e agir em um estado de maior paz, harmonia, eficiência e com autocontrole cada vez maior, se você quiser. Como já foi referido, este é o passo mais importante da nossa evolução, pelo que há uma clara aceleração.

Falando em "evolução": continuamos repetindo essa palavra, mas o que realmente evolui?A ciência ortodoxa acredita que é uma forma física que melhora gradualmente e se adapta ao seu ambiente. Há alguma verdade nisso, mas na verdade, a consciência traída para nós que vive dentro de nós, nosso verdadeiro "eu", está evoluindo. Na evolução da forma física (mesmo na vida individual) observamos apenas mudanças correspondentes. Lembro que há muitos anos ouvi esta frase: "Quando você tem mais de quarenta anos, você tem o rosto que merece". Eu acho que há algo nisso também. Não é que uma pessoa com traços faciais mais finos seja necessariamente mais desenvolvida espiritualmente, porque há muitos outros fatores envolvidos. Mas, em geral, quando uma pessoa se torna mais iluminada, isso se reflete na aparência.

A forma física do homem na terra estava mudando gradualmente; é provável que este processo continue. Mas as mudanças mais significativas ocorreram nas habilidades mentais: a serviço de nossa consciência em constante expansão estava um cérebro cada vez maior e mais complexo. Dados antropológicos mostram que cada novo tipo de pessoa era marcado por um físico menos robusto, mas era mais sensível. Alguns podem argumentar que, à medida que os atletas continuam a estabelecer novos recordes de força e resistência, nós, humanos, estamos realmente ficando mais fortes. Mas novos recordes são estabelecidos devido ao fato de quea técnica melhora, as habilidades são aprimoradas, e apenas por um curto período de tempo no florescimento físico de um atleta, e de forma alguma porque toda a humanidade está se tornando mais forte. Nem mesmo o homem mais forte pode durar cinco segundos em um duelo com um gorila do mesmo tamanho, sem falar nos grandes predadores.

Se a "sobrevivência do mais apto" (fisicamente) é a força motriz por trás da evolução, então por que nós humanos perdemos virtualmente todas aspêlos do corpo - mesmo aqueles que vivem nas regiões frias estárticas? Dificilmente se pode falar de adaptação física aqui. Mas se a força motriz é a expansão da consciência, então essa perda faz sentido. O homem primitivo foi simplesmente forçado a usar sua mente primitiva para aprender a sobreviver através da capacidade de construir uma habitação e fazer roupas para si mesmo e, o mais importante, domar o fogo. Se você gosta, fomos forçados a "agitar nossos cérebros", e esse ato sempre nos ajuda a expandir nossa consciência e, finalmente, nos tornar mais iluminados espiritualmente.

Eliminar todo o reino humano seria relativamente fácil, mas tente se livrar de todas as moscas ou baratas! É geralmente aceito que uma bactéria, uma minhoca ou uma margarida é muito mais adaptada à vida do que nós, criaturas mais complexas. Então não vamos mais falar sobre seleção natural.Qualquer pessoa pensante que olhe para o passado (ou presente) com os olhos abertos verá muitos exemplos em que as circunstâncias inspiraram ou até forçaram a nós humanos a expandir nossa inteligência. Continuaremos a nos tornar mais conhecedores e sábios, e mais capazes de amar. Em última análise, a vida tem um objetivo: Iluminação. E toda a nossa experiência serve a esse propósito! Vamos falar mais sobre a evolução da consciência.

Como tudo no universo, nosso planeta físico é projetado para nos levar continuamente aos próximos estágios da iluminação. A maioria das pessoas considera tanto a estrutura física da Terra quanto a aparente aleatoriedade da localização das florestas, mares, distribuição de minerais nas entranhas, etc., como algo natural. Mas por trás desse acidente imaginário está um objetivo maior.Observe que durante esse período da história humana, quando finalmente atingimos o estágio inicial de mentalidade, imediatamente "descobrimos" metais e depósitos de carvão e petróleo; aprendeu a transformar a seiva de certas árvores em borracha e produzir sólidos transparentes (vidro). Esta lista continua. Não era inevitável (com uma pequena ajuda de cima) que as pessoas logo aprendessem a fazer máquinas e veículos? Tudo isso não é tão prosaico quanto pode parecer à primeira vista. Mas devido ao fato de que adquirimos conhecimento inconscientemente e porque "quanto mais perto você sabe, menos você respeita", percebemos as circunstâncias mais surpreendentes como algo comum. E absolutamente em vão. Muitas pessoas sábias apontaram que às vezes os menores detalhes determinam se a vida no planeta, como a entendemos, pode existir. E se,

Aqui estão alguns exemplos. Para se formar o carvão (o combustível sem o qual a revolução industrial é impensável), o reino vegetal teve que evoluir (ou seja, crescer em termos de consciência) para o estágio de árvores. Então foi necessário que essas árvores se decomponham e, com uma certa combinação de fatores quantitativos e temporais e de pressão, o carvão surgiu ao longo de milhões de anos - notamos, muito antes do surgimento da humanidade. Para aprender certas lições, às vezes precisamos de certos materiais, e esses materiais nos são fornecidos - é isso que importa! Nesse caso, as pessoas precisavam de uma enorme quantidade de combustível facilmente extraível. Ela possibilitou a realização de uma série de invenções que levaram o homem à chamada era industrial.

Aqui chegamos aos metais e outros tipos de "matérias-primas". Do meu ponto de vista, são interessantes não só pelas suas propriedades, mas pela relação entre a sua necessidade e disponibilidade. Por exemplo, ferro eo alumínio é absolutamente necessário na engenharia mecânica. E ainda amplamente disponível. Mas e se, digamos, ouro e prata fossem abundantes no planeta, enquanto ferro e alumínio fossem raros? Então a indústria, tecnologia e transporte que temos agora seriam simplesmente impossíveis.

Outro exemplo de Planejamento Cósmico: em quase qualquer lugar do planeta as pessoas podem encontrar comida e água para beber. Se não houver rios ou nascentes, basta cavar um poço bem no chão e teremos água potável fresca (o que é maravilhoso por si só). Se o solo estiver congelado, gelo ou neve geralmente estão disponíveis para derreter. Além disso, grupos inteiros de pessoas são, por assim dizer, especialmente programados para viver nas condições mais severas. Através disso, o planeta físico pode ser totalmente abraçado pela rede de inteligência. Como o reino humano está destinado a ser o "cérebro global" (físico) da Vida planetária, o próximo passo era necessário para a implementação do Plano Divino: o estabelecimento de uma interação pacífica entre as comunidades humanas. Isso foi feito através do interesse no comércio.

Se o mais necessário para a vida humana é distribuído de forma relativamente uniforme pelo planeta, isso não pode ser dito sobre muitos outros recursos úteis. Minerais, carvão, petróleo, madeira. Estoques de tudo isso raramente podem ser encontrados em um só lugar. Alguns grupos de pessoas têm enormes depósitos de petróleo, mas não há ferro para construir equipamentos de produção de petróleo. Outros têm depósitos de minérios, mas nenhum carvão para fundir os metais. O resto é claro. Novamente, esta parte do Plano Divino. Em primeiro lugar, tal situação serviu de estímulo para o desenvolvimento do nosso intelecto; era necessário para tornar nossa vida mais confortável. Mas a longo prazo, o mais importante era fazer a humanidade interagir e eventualmente se tornar "unidade na diversidade". Voltemos à industrialização.

Visto de um nível superior, sua conquista mais significativa não está na mera quantidade de produtos produzidos, mas no fato de que, para o planejamento, produção e distribuição de bens que engoliram o mundo inteiro, era necessário que a humanidade se engajasse e, assim, desenvolvesse seu pensamento concreto. Até que desenvolvamos o pensamento concreto, permanecemos principalmente seres emocionais e não podemos avançar muito em nosso caminho espiritual. Isso nos leva a outro mérito muito mais importante da era da indústria e da tecnologia: ela naturalmente se moveu para a era da informação e das comunicações. Mas isso em si não é o objetivo final.

O objetivo final da humanidade nesta era é realizar seu destino: ser um "cérebro global" integrado e o sistema nervoso do nosso planeta.Quando nos eventos planetários não só vemos o "o que" acontece e o "como", mas também entendemos o "porquê", torna-se cada vez mais óbvio: existe um plano ainda maior chamado "Plano Divino"! Mas e aquelas comunidades que resistem à interação e permanecem isoladas? É muito importante notar que aqueles que pregam qualquer tipo de ideologia "isolacionista" agem contra o Plano Divino, quer percebam ou não. As forças do mal no mundo não querem cooperação na humanidade. Sua estratégia é manter a desunião e a divisão.

Temos muitos exemplos de culturas estagnadas (relativas, é claro) que foram isoladas das outras por muito tempo. Mas nosso universo em evolução não tolera a estagnação. Quando um indivíduo, cultura ou mesmo sistema de crenças fica preso e resiste ao crescimento, e sua consciência interior se cristaliza, as energias da mudança são liberadas! Os resultados imediatos disso às vezes podem ser sentidos como desagradáveis ou mesmo graves. Mas o resultado a longo prazo é muito útil. As mesmas pessoas queteve que suportar choques, uma vida muito mais feliz ainda pode esperar. Esse raciocínio, é claro, não deve de forma alguma justificar, muito menos encorajar, a violência de algumas pessoas, culturas ou sistemas de crenças sobre outros. As pessoas iluminadas estão sempre tentando promover o progresso de seus irmãos e irmãs pelo exemplo pessoal e oportunidades oferecidas com amor.

Ao expandir nossa consciência, somos potencialmente capazes de criar e ascender a estados de ser mais felizes. Continuamos a ferir a nós mesmos e aos outros, não porque nos falte inteligência ou orientação, mas porque ainda temos uma energia de Amor subdesenvolvida e somos incapazes de empatia (ou resistir a esse sentimento).Mais tarde entenderemos qual é o papel dos outros reinos da natureza e como eles nos ajudam a cumprir nosso papel neste Universo Consciente. Mais importante ainda, são passos necessários na espiral ascendente da evolução da consciência. Talvez agora possamos considerar com mais detalhes o estágio de evolução humana, que, é claro, é de maior interesse para nós. Uma jornada espiritual (assim também pode ser chamada a evolução) é geralmente comparada a escalar uma montanha.

Tal comparação é apropriada por muitas razões: na evolução é necessário fazer esforços que são recompensados, e erros levam a atrasos; é mais fácil quando você é conduzido e instruído por alguém que já escalou a montanha; quanto mais você sobe, maisabre para os olhos; quando você se aproxima do topo, fica claro que ele pode ser alcançado por mais de um único caminho (embora quanto mais próximo do topo, mais próximos todos os caminhos convergem), etc. Agora, deixe-me fazer outra analogia. Não será uma ascensão espiritual a uma montanha, mas uma jornada através de um continente inteiro. Imagine que começa quando estamos em um estágio de desenvolvimento semi-animal primitivo e termina em nosso futuro glorioso distante, quando estamos prontos para nos mudar para outro reino mais elevado, às vezes chamado de "Reino das Almas".

Vamos começar a história.A massa de pessoas está na costa leste de um grande continente. Eles são informados de que devem passar por todo esse vasto território e chegar à costa ocidental. Ao atingir a meta, eles recebem uma grande recompensa. Como vão a pé, o caminho promete ser longo. Não é uma corrida, mas espera-se que eles continuem avançando. No caminho, eles vão comer frutas e bagas, legumes, nozes e grãos e beber água de rios e nascentes. Com um pouco de esforço, eles serão capazes de fornecer tudo o que precisam. Entre eles há indivíduos que já tiveram a oportunidade de fazer tal reassentamento antes. Eles vão até um colono, depois para outro, e falam sobre a grande recompensa que os espera, e também sobre o fato de que você pode economizar tempo se em alguns lugares "maneira cortada". Mas poucas pessoas os ouvem.

Então, as pessoas se reúnem em grupos e lentamente se põem na estrada. Como uma enorme massa de pessoas se dispersou por toda a costa, a maioria dos grupos opera de forma quase autônoma. Alguns grupos avançam vários dias e depois, cansados da estrada e encontrando um local adequado, param um pouco. Outros passam por eles até decidirem descansar. Passa-se um pouco de tempo e agora os grupos se dispersaram por um vasto território: alguns avançaram muito, enquanto outros mal se moveram.

Às vezes, os grupos discutem entre si. Desentendimentos geralmente surgem entre aqueles que seguem o chamado para seguir em frente e aqueles que provaramos encantos de uma vida sossegada e, tendo perdido o interesse pela recompensa prometida no final da viagem, quer ficar no lugar. Sob a influência de energias opostas, ocorre uma divisão em alguns grupos: algumas pessoas continuam avançando, enquanto o resto não quer sair de casa. É difícil para os que estão à frente, mas são recompensados pelo seu trabalho. Eles precisam de novos conhecimentos - e eles o obtêm. Quem decide ficar em um lugar gasta cada vez mais energia, consolidando e repetindo o que já sabe. Mais cedo ou mais tarde, o desastre inevitavelmente ocorre: uma inundação, um terremoto ou um terrível furacão. Então, no final, eles têm que sair também.

Às vezes, os migrantes percebem que novas pessoas se juntaram a eles de algum lugar - indivíduos ou grupos. Isso geralmente é ressentido porque os recém-chegados não percorreram todo o caminho desde o início, mas receberão a mesma recompensa no final da jornada. (Isso te lembra alguma coisa?) E não só por isso: as pessoas novas precisam aprender o que os outros aprenderam com sua experiência. Isso parece injusto? Os "velhos" preferem não lembrar que eles mesmos foram muito ajudados: desde o dom da vida como tal até todos os outros presentes em seu caminho.

Servir a um propósito maior e ajudar os outros era o mínimo que podiam fazer. (Mas, em geral, nós humanos somos ingratos pelas infinitas dádivas concedidas a nós.) Ao longo do tempo que esta jornada vem acontecendo, quase todos os grupos tiveram a chance de estar na vanguarda em um momento ou outro. Mas quase inevitavelmente, as pessoas se acalmaram, tornaram-se complacentes e o outro grupo ficou à frente delas. Muitas vezes, aqueles que estavam temporariamente à frente se convenceram (e todos os que estavam dispostos a ouvir) que eram muito melhores que os demais. Quando finalmente o primeiro dos grupos havia subido a última cordilheira, e os viajantes viram aquele lugar maravilhoso para o qual se dirigiam, mandaram avisar e, como puderam, apressaram o resto para que também compartilhassem com eles o grande recompensa. Mas alguns estão tão acostumados a viver nas planícies sem fim que não acreditaram em uma vida mais gloriosa e tomaram a fatídica decisão de ficar onde estavam.

Essa parábola parece simplista demais para você? Pode ser. Mas é assim que olhamos para aqueles que estão em níveis mais altos e estão tentando nos ajudar.Quantos de nós resistem à mudança (crescimento)? Quantas vezes nos apegamos ao familiar? Consciente ou inconscientemente, nós mesmos escolhemos nosso caminho e o seguimos. E porque somos todos diferentes – e deveríamos ser – cada caminho é único. No entanto, todos os caminhos (figurativamente falando) passam pelos mesmos rios, desertos, pântanos e montanhas. Nós os percebemos como obstáculos, mas todos eles servem como lições necessárias para nós. Quando os superamos, eles se tornam marcos em nosso caminho para a iluminação.

Como pretendido, nossa jornada humana começou com a criaçãopersonalidade isolada e egocêntrica. Uma personalidade que devemos mudar e transformar - e com certeza o faremos. A transformação é alcançada através do fogo da mente e leva à formação de um Ser Espiritual iluminado. Este processo requer uma reorientação completa do nosso foco no pequeno "eu" para a auto-identificação, em última análise, com a vida maior - com a Vida que abraça todo o planeta! Aqui pode-se fazer a pergunta: por que devemos criar uma individualidade forte, se no final temos que derrubá-la para o bem do todo? A individualidade teve que ser criada para desenvolver o livre-arbítrio, porque caminham lado a lado.

Então precisamos aprender a usar nosso livre-arbítrio corretamente. Inteligente no início, depois com Sabedoria-Amor. Este processo é necessário se quisermos nos tornar um ingrediente ativo – nada menos que um co-criador – no grande trabalho de desdobramento do Plano Divino. Como co-criadores, usaremos nossos talentos e habilidades individuais para contribuir com o que for necessário para o maior esclarecimento da humanidade. Este processo requer que nos tornemos responsáveis, aprendamos a ter paciência, abramos nossos corações e comecemos a servir a humanidade! Como indivíduos, somos apenas pequenos grãos no universo. Mas nossa Alma é um holograma do universo e contém o potencial do Todo. Portanto, devemos liberar nossa porção de matéria, empurrando para cima de nossas personalidades e, assim, respondendo à atração eterna de nossa Alma.

Estamos progredindo da alma do grupo animal para a alma do homem como um indivíduo com livre arbítrio. Então, com o tempo, adquirimos as qualidades de Amor-Sabedoria e assim nos tornamos co-criadores iluminados no Plano Divino do universo.Sempre foi um mistério como de repente (na escala da história natural), na ausência de um "elo de conexão", surgiram raças de pessoas muito diferentes e muito mais desenvolvidas. A ciência apresenta postulados que não condizem com o senso comum, e nossas religiões geralmente ignoram o problema em si ou, em casos extremos, referem-se à providência de Deus. Aliás, neste caso a religião está mais próxima da verdade.

Deve-se enfatizar aqui que mesmo os Seres Espirituais agem de acordo com a Lei. Em outras palavras, os meios do plano físico são usados para produzir os resultados do plano físico. É interessante que agora, quando os protótipos de um novo modelo de humanidade estão sendo desenvolvidos, muitas pessoas relatam que foram "abduzidas" em naves estranhas, controladas por criaturas estranhas (para nós), e que experimentos genéticos foram realizados em eles lá.Há também casos estranhos documentados de "mutilação" de animais, especialmente gado, dos quais órgãos e às vezes sangue foram removidos cirurgicamente, material que pode ser usado para 'mutar' animais. Além disso, novas espécies estão constantemente aparecendo no reino animal. (E eu aconselharia observar o que acontece com as espécies de gado no futuro próximo.)

Parece que aqueles que aceitam os OVNIs como realidade tendem a aderir ao paradigma "alienígena". eu sugiro procurardesvendando o mistério "mais perto de casa": na área de fronteira entre o plano físico e a próxima dimensão vibracional superior (é chamado de "plano etérico"). Embora essas dimensões de energia tenham suas próprias "teias" protetoras e frequências vibracionais diferentes das nossas, elas não são impenetráveis para aqueles seres que são ordenados a ajudar em nosso processo evolutivo. (Mais adiante neste livro falaremos sobre essas criaturas e o que pode acontecer com sua participação.)

De tudo o que já foi dito neste livro, segue-se que a Vida é um continuum, tudo faz parte de algo "mais alto e maior", tudo está interligado e interdependente, tudo é unidade no espaço e no tempo. Tudo é eterno e se move em uma espiral que leva a níveis mais elevados de consciência, ou iluminação.O que isso significa para nós em nosso reino humano? Como estamos conectados, por exemplo, com uma galáxia distante?

Vamos começar do início - com o corpo físico de uma pessoa. Sabemos que é feito de ossos, músculos, sangue, órgãos, etc. Sabemos também que esses componentes são formados por células, que são feitas de moléculas, que são feitas de átomos, que são... bem , a imagem é clara: tudo está interligado e interdependente.E voltamos à correspondência novamente: "Como em cima, tão em baixo", ou, neste caso, "Como em baixo, tão em cima". Nós, como indivíduos, fazemos parte do reino humano, e o reino humano pretende ser o sistema nervoso global do planeta, e é aí que está evoluindo. Todos os reinos (físicos e não físicos) de qualquer planeta formam o "corpo" desse planeta. Este "corpo" fornece a casca para a Vida planetária. (Assim como nosso corpo fornece um "lar" temporário para a Vida que vive em nós, seu verdadeiro eu e o meu.)

Por sua vez, qualquer planeta é um dos "centros de

energia" ou "centros de consciência" na Vida do grande Ser Solar. Qualquer sistema solar é um dos centros de energia de uma Essência espiritual ainda maior e mais desenvolvida. E este Ser, por sua vez, é também um dos centros de Vida ainda maior, e assim por diante: constelações, galáxias, metagaláxias... Tudo isso junto é nosso Universo Vivo! Deus panteísta. E a este respeito, gostaria de observar novamente: quando olhamos para os céus, o que vemos com nossos olhos é apenas um vago reflexo, uma sombra, se você preferir, das energias colossais que nos cercam e nosso pequeno planeta.

O esplendor e a Glória dos Seres que ali vivem se correlacionam com as pequenas mentes das pessoas, pois seus tamanhos gigantescos correspondem aos nossos. Prova de? Comecemos pelo óbvio: beleza, harmonia, ordem no céu. Do curso da física (e de nossos programas espaciais) sabe-se que, para que um objeto permaneça em órbita, ele precisa atingir uma determinada distância orbital e velocidade em relação ao objeto em torno do qual ele gira. Se estiver se movendo muito baixo ou muito devagar, a gravidade o puxará (pense em satélites artificiais caídos). E se a distância ou velocidade for muito grande, ela desaparecerá do campo gravitacional. (Mais uma vez, lembre-se dos satélites que escaparam para o espaço.) Tais incidentes acontecem, embora as melhores mentes e tecnologias da humanidade estejam envolvidas em programas espaciais. E devemos acreditar que incontáveis bilhões de rochas mortas (planetas) e sóis acabaram em suas órbitas ideais por acidente? Não, essas relações harmoniosas são mantidas graças à Consciência perfeita desses seres cósmicos. Mas mesmo eles têm falhas, embora isso aconteça muito raramente.

Devemos lembrar que nosso planeta e sistema solar, como outros sistemas solares, também crescem e se desenvolvem (em suas dimensões superiores) com todo o seu alto nível espiritual inimaginável (para nós). E quando eles passam por suas "dores de crescimento", isso reflete em nós!Isso pode explicar muitos dos mitos e lendas eternos que encontramos em todas as culturas antigas do mundo - mitos sobre gigantes, deuses e deusas que realizam feitos sobre-humanos. Estes são reflexos inferiores simplificados e personificados das vastas energias cíclicas que estão em ação em nosso planeta e no sistema solar há bilhões de anos. Embora esses importantes eventos cósmicos estivessem vestidos na forma simples de contos de fadas para mentes não muito maduras, havia uma verdade maior neles. Mitos e lendas são uma das formas de revelar as verdades mais elevadas à humanidade de forma alegórica.

Outro ponto importante: embora pareça que o "céu"longe, na verdade estamos dentro deles. Essa ilusão de distância se deve ao fato de que nossa percepção está focada no físico ou em outros planos inferiores. No plano físico, tudo parece objetivo e separado. Mas nos planos superiores, onde nosso Espírito reside, não há separação (como imaginamos), e todas as energias interagem umas com as outras. Por exemplo, os astrônomos dizem que nossa Terra está em nosso sistema solar, que está na Via Láctea, etc. Este é o começo de uma verdade importante. De fato, em nosso maiordimensões, estamos dentro do corpo energético, a aura desses grandes Seres (na hierarquia ascendente). Cada um de nós é verdadeiramente uma criança estrela"!

Ou, em outras palavras, somos células no corpo de

Deus. É por isso que somos profundamente afetados por esses corpos celestes (na verdade, Seres), assim como os eventos que nos acontecem afetam cada célula do nosso corpo. É preciso entender que o Cosmos é inteiramente constituído de energias poderosas, ou Vidas, e nós somos uma pequena parte da Vida Cósmica e estamos sujeitos à sua influência. É por isso que algumas das melhores mentes da humanidade ao longo da história têm estudado astrologia. (Isso não é, é claro, astrologia de tablóide.) Usando métodos científicos e intuição, a verdadeira astrologia nada mais é do que uma tentativa de entender e descrever a origem e o funcionamento da grande Vida. Embora os astrólogos sérios sejam os primeiros a reconhecer que sua ciência (ou arte) ainda precisa penetrar na superfície da realidade cósmica, mesmo agora o estudo da astrologia revela muito.

## A Vida Do Indivíduo Como Reflexo Ou Modelo Da Evolução Humana

Continuando o tema desta seção (o Universo como nosso professor perfeito), vamos nos fazer a pergunta: nossa própria vida pode ser nosso professor se aprendermos a vê-la de um nível superior? E se a vida de uma pessoa desde a concepção até a morte for na verdade um modelo ou mapa da evolução humana?A ciência ortodoxa sabe disso em princípio como a lei biológica "ontogenia reflete a filogênese". Mas, novamente, a ciência aplica essa lei apenas ao organismo físico. Vamos aplicá-lo também à consciência espiritual, que é certamente a essência do Todo, e então, deste ponto de vista, tentaremos imaginar o futuro.

Sabemos bem que o embrião humano repete primeiro a fase vegetal do desenvolvimento evolutivo, depois a fase animal (peixe,anfíbios, mamíferos, etc.), e só então assume uma forma propriamente humana. Isso nos mostra nossa evolução passada e nos lembra que nossos corpos físicos estão conectados aos reinos inferiores. Pode-se dizer que durante o resto da gravidez até o nascimento, o estar no útero é uma "personalidade" humana em desenvolvimento.

Enquanto issoA alma observa e espera que a casca física se forme e o momento certo de nascer.O mundo em que vivemos não é perfeito, e os eventos às vezes não saem como planejado. Portanto, pode acontecer que a alma decida não encarnar desta vez, e o processo de gravidez termine em aborto ou natimorto; ou o bebê pode morrer de repente. As razões podem ser físicas (saúde) ou espirituais; estes últimos ainda são incompreensíveis para nós em nosso nível de desenvolvimento. E, embora isso possa ser percebido como uma tragédia, esse ser encarnará posteriormente em outro corpo, talvez até na mesma mãe ou na mesma família, quando as condições se tornarem mais adequadas. Na verdade, a vida nunca se perde!

A Sabedoria Eterna nos diz que a Superalma (Anjos? Deus? Guias Espirituais?) vigiava os homens e mulheres sub-humanos e bestiais até que eles estivessem preparados para aceitar sua própria Alma cada um. Então começou uma nova etapa no desenvolvimento da humanidade.Este evento importante ocorreu há milhões de anos. A onda da vida humana continuará por mais milhões de anos e, em algum momento no futuro, a maioria das pessoas deixará o plano terreno e passará para o que agora percebemos como Consciência Espiritual.

Mas voltemos a esse importante momento em que se inicia um novo ciclo de encarnação. Uma criança nasce e respira pela primeira vez, a Alma finalmente se conecta com um corpo minúsculo e a criatura se torna um verdadeiro Humano! Para facilitar esse evento, certos rituais de nascimento são frequentemente realizados na criança - por exemplo, o batismo.Aqui, a propósito, pode-se notar que a localização dos objetos celestes no momento do nascimento pode dizer muito ao Sábio sobre onde (relativamente falando) essa Alma estava depois de deixar o ciclo de vida anterior e o que ela deve aprender no novo ciclo de vida que começa agora.

Agora vamos em frente e falar sobre algo que não é tão amplamente conhecido. Os primeiros sete (aproximadamente) anos são gastos desenvolvendo os corpos físico e emocional e o cérebro. No final deste período, começa o segundo ciclo de sete anos - o tempo da "Idade da Razão" na escala das abordagens individuais. Em muitas tradições religiosas e culturais, essa transição é celebrada (e facilitada) com outro ritual. Isso ajuda a unir o próximo aspecto da Alma - o verdadeiro corpo mental. Agora o jovem Ser tem uma capacidade rudimentar de pensamento abstrato e inicia um importante período de escolarização.

Então, depois de dez anos (como todos bem nos lembramos), aparece o próximo componente de toda a personalidade - um aspecto muito importante, embora ainda apenas rudimentar, do amor. Sua ocorrência está associada à puberdade e se manifesta principalmente no amor físico e emocional, ou na sexualidade. E, novamente, em algumas sociedades este evento significativo é celebrado com um ritual especial. (A maioria dos chamados "eventos poltergeist" ocorre quando esses componentes muito fortes do ser todo tentam se juntar.)

Agora a Alma está de alguma forma ligada aos "revestimentos" de nossa personalidade: os corpos físico e emocional, o corpo mental e o que corresponde ao "corpo do amor" neste nível inferior. Mas ao longo da vida, devemos fortalecer esses laços, sobre os quais falaremos agora.Nas comunidades humanas, acredita-se que ao final do terceiro ciclo de sete anos, o Ser humano já está totalmente formado. Com a conquista da idade adulta em todas as culturas, uma pessoa já adquire o status de adulto. O que as pessoas geralmente não percebem é que os ciclos (aproximadamente) de sete anos continuam, a

Alma continua a fortalecer sua posição até que, depois de muitas vidas, ela finalmente se torna completamente dominante e "satura" de si mesma. personalidade. É importante entender que os primeiros vinte e um anos formarão um grande ciclo, que consiste em três ciclos menores de sete anos e que se repetirá em voltas mais altas da espiral, novamente seguindo o mesmo padrão (físico, mental, amoroso ). Partidas dentro de partidas!

Em outras palavras, desde o nascimento até os vinte e um anos, a expressão física é primordial. Então, por mais vinte e um anos, nosso intelecto crescerá e o físico começará a desvanecer-se. No e após o terceiro ciclo, ganhamos sabedoria e uma forma mais elevada de amor. Você pode observar isso em sua própria vida: por volta dos quarenta e dois, sessenta e três e oitenta e quatro anos, eventos importantes (mudanças) ocorrerão ou começarão. Os ciclos de sete anos também são vistos ao longo da vida - em particular, aos 28 ou 29 anos, uma pessoa geralmente experimenta seu "retorno de Saturno" pela primeira vez em sua vida. (Estamos falando sobre a influência "zodiacal".) Deve-se enfatizar mais uma vez que isso é típico de todos, mas dependendo do nível de desenvolvimento espiritual, os indivíduos experimentam isso de maneiras diferentes.

Como o reino humano claramente ainda está na adolescência, somos fascinados pelo mundo físico e exibimos outras qualidades dessa idade. Se sobrevivermos e atingirmos a maturidade, reverenciaremos mais qualidades superiores: inteligência e, mais importante, Amor-Sabedoria. Nosso sistema solar é dotado dessa qualidade espiritual de suma importância. ( "Deus é amor".)É extremamente importante notar que, no período atual da história humana, muitos de nossos supostos "líderes" (na política, nos negócios, no entretenimento) não aspiram às qualidades mais elevadas e importantes da humanidade. Em vez disso, eles tentam capitalizar tudo transitório e irracional, encorajar, proteger e, assim, glorificar o poder sobre os outros, violência e ganância. De muitas maneiras, isso está se tornando um "modelo de comportamento" para nossos jovens. Eles jogam diretamente nas mãos das forças do mal! Mesmo em nosso estado atual (relativamente infantil), devemos entender como a glória é passageira. Quão poucas celebridades usam sua fama para ajudar no crescimento da consciência, mesmo sabendo que as figuras históricas que reverenciamos demonstraram as qualidades eternas de sabedoria, compaixão e amor pela humanidade. Isso não significa alguma coisa?

Vestir' Voltando à conversa sobre a vida de cada um de nós, vamos falar sobre o envelhecimento. Por que envelhecemos (fisicamente)? Se todas as células do nosso corpo são frequentemente substituídas por novas, por que aparecem as rugas e o corpo perde gradualmente a saúde anterior? Além disso, se nossa inteligência dependesse completamente do cérebro, não começaríamos a perder nossas habilidades mentais assim que crescêssemos? Na verdade, nosso conhecimento e, mais importante, nossa sabedoria aumentam com a idade. Será que a perda gradual da sexualidade desde uma idade relativamente precoce contribui para o desenvolvimento de nossa consciência? Talvez seja então que concentramos toda a nossa atenção no que encarnamos? Ou seja, ao expandir e elevar nossa consciência, aumentando o intelecto, a sabedoria, o poder do amor. Precisamente porqueTalvez, perdendo o físico, comecemos a ouvir as instruções de nossa Alma e a dar cada vez mais energia às aspirações espirituais? Afinal, parece que na verdade nos tornamos mais sábios e sensíveis à medida que envelhecemos.

As pessoas mais velhas geralmente têm um gosto mais desenvolvido pela música, pela arte, pelo que chamamos de cultura, por qualidades de vida mais refinadas e superiores - qualidades que ressoam mais com os reinos espirituais (correlação novamente). A maioria de nós não começa uma vida contemplativa até que tenhamos superado o entretenimento e outras energias da juventude, a menos que estejamos falando de uma "alma muito velha" que demonstra sabedoria e compaixão mesmo em(fisicamente) jovem. Tudo isso não aponta para o destino da humanidade no futuro? Não, não se trata do fato de que o corpo será feio e enrugado. Refiro-me à maturidade dos valores: haverá um aumento gradual na proporção de pessoas que estão mais polarizadas no corpo mental e superior (que chamamos de espiritual) e menos no corpo emocional (o corpo dos desejos).

Quanto aos nossos corpos físicos, eles se tornarão ainda mais belos e perfeitos. Mas a beleza não será mais identificada apenas com a atratividade sexual de uma pessoa, como é agora. Nossa beleza física durará até a idade individual correspondente à idade evolutiva do reino humano. Em outras palavras, quando o reino humano estiver a meio caminho de seu crescimento espiritual destinado, as pessoas alcançarão o auge da beleza não na juventude, como é agora, mas na meia-idade. A beleza interior, que aumenta com a idade, se manifestará na beleza da aparência. Diz-se que ainda hoje alguns Seres espirituais, ou angélicos, continuam a parecer jovens, tendo já vivido uma parte significativa da vida que lhes foi dada.

Isso também é observado no reino vegetal, que passou por uma grande evolução (na medida em que, assim, mostramos como a vida individual típica de uma pessoa repete e demonstra a evolução passada de nossa consciência espiritual e como ela indica o caminho que está à frente Agora podemos olhar para toda a família da humanidade e traçar a evolução humana desde o estágio animal até o presente.Etapas do caminho evolutivo da consciência humana:

a) Caça e coleta

b) Assuntos militares

c) Artesanato Agrícola

d) TrocaEu Indústria

e) Informação e Comunicações

A ciência da antropologia argumenta que as pessoas começaram sua jornada de muitas maneiras, como animais: havia famílias, famílias extensas e grupos de famílias (clãs ou tribos). Trabalhavam juntos, arranjando comida para si, procurando "acampamentos" adequados, apoiando-se mutuamente, etc.À medida que mais e mais pessoas buscavam comida e lugares adequados para viver, a competição surgiu, seguida de agressão; ficou claro que os fortes tinham mais chances de sobreviver. Assim nasceu a classe guerreira.

No final, algumas pessoas aprenderam a cultivar seus próprios alimentos epercebi o quanto é mais conveniente do que procurá-la. Em algum momento, eles começaram a capturar e domesticar animais para ter carne, leite, peles, etc. Isso permitiu que famílias e tribos se estabelecessem em uma área e os libertou da necessidade de se deslocar constantemente para obter comida. A necessidade (que acabou levando à capacidade) de fazer várias coisas foi uma consequência lógica do início da formação da sociedade e do desenvolvimento da agricultura. Assim surgiu o artesanato e as artes.

Naturalmente, as tribos e clãs vizinhos começaram a comercializar e trocar mercadorias entre si, e então a classe de comerciantes se desenvolveu gradualmente. Era necessário um meio universal de troca, ou dinheiro.À medida que a inteligência humana se expandiu, surgiram formas melhores e mais eficientes de produzir bens; esse processo culminou na chamada era industrial. Exigiam-se cada vez mais conhecimento, meios de aquisição, armazenamento e troca: foi assim que começou a atual era da informação. E assim chegamos ao primeiro degrau ou estágio principal do Plano Divino para o reino humano! Agora estamos começando a construir um "cérebro global"! É necessário perceber o grande significado deste passo tão importante. Em breve o planeta poderá funcionar como um Ser inteiro! Isso é o que mais assusta as forças do mal e, portanto, elas tentam teimosamente apoiar o pensamento separatista entre os povos da Terra.

Antes de prosseguir, vejamos os lados bons e ruins das etapas descritas acima    pessoas nestes estágios de evolução. O estágio de caçador-coletor dá origem a indivíduos (e instituições sociais) que procuram novas fontes de recursos materiais. Eles podem se tornar pioneiros e pioneiros. Aqueles que não atingiram o desenvolvimento nesta categoria tornam-se ladrões, vigaristas, vigaristas, etc. A classe Guerreira se desenvolve em uma força policial e um exército, que deve proteger a sociedade, agindo de acordo com suas leis e sob sua supervisão. No entanto, a história humana está repleta de exemplos de guerras cruéis de conquista sem lei. Não há necessidade de mencionar tudo isso aqui.

Na fase agrícola, as pessoas desenvolvidas respeitosamentereferem-se à terra e a toda a vida que é parte integrante do ecossistema. Portanto, eles cultivam a terra, extraem minerais, usam a água e outros recursos com sabedoria e entendem que se todos agirem com inteligência e boas intenções, se todos compartilharem uns com os outros, haverá sustento suficiente para todos. Se a economia for conduzida de forma ignorante, estúpida e gananciosa, obtemos tudo o que temos hoje: "fazendas industriais", monoculturas que esgotam o solo, poluição ambiental - e muitos, muitos outros problemas.

Parece que o artesanato e a arte genuína estão se tornando raros. Mas novas energias chegam ao planeta, e quando a humanidade começar a atuar em uma virada mais alta da espiral evolutiva, essas habilidades não apenas serão revividas, mas também aumentarão e serão apreciadas. Muito do que agora é passado como arte não é. Afinal, a verdadeira arte é sempre um reflexo das harmonias e proporções cósmicas em um nível

inferior. O comércio conduzido de forma ética é o reconhecimento de nossa interdependência; visa criar relações comerciais onde todos ganham. Contribui para o desenvolvimento da livre iniciativa que estimula as pessoas a aproveitarem e desenvolverem seus talentos e habilidades. O dinheiro deve ser usado como meio de troca, permitindo que uma pessoa adquira tudo o que é necessário para a vida e inicie seu próprio negócio.
Quando o capital é usado principalmente para manipulaçãooutros e enriquecimento pessoal, e não há benefício para o bem comum, é apenas um crime! Lembre-se, o capitalismo irrestrito deve, teoricamente, levar uma pessoa a ter tudo e a outra a não ter nada. A livre iniciativa e o capitalismo não são a mesma coisa! A ganância é uma doença e muitas pessoas estão infectadas com ela. Falaremos mais sobre a perniciência do materialismo na próxima seção.

O lado positivo da industrialização é que ela permite a produção de quantidades suficientes de tudo o que é necessário para a vida da humanidade. Além disso, com o passar do tempo, graças à indústria, as pessoas até têm alguma abundância, permitindo-lhes ter tempo livre e gastá-lo na expansão de seus conhecimentos. Desta forma, as pessoas tornam-se cada vez mais intelectualmente desenvolvidas, e isso é, naturalmente, um fator importante na construção de um reino humano integrado.Todos conhecemos (inclusive por experiência própria) as consequências desumanas da industrialização excessiva, inclusive ambientais; não é necessário listá-los especificamente aqui.

**Informações e comunicações** na forma elemental sempre estiveram disponíveis mesmo nos reinos inferiores, e a história do conhecimento e da comunicação é considerada uma parte significativa da própria história da evolução. Mas só agora as tecnologias da informação começam a ocupar seu devido lugar como a principal atividade da humanidade. E, embora muito do incentivo à expansão do conhecimento e da comunicação tenha sido (e ainda é) baseado em motivos pessoais egoístas - como ganância, desejo de domínio, orgulho etc. - em última análise, tudo issopara o benefício de. Com o tempo, o sistema de comunicação planetária que agora está sendo desenvolvido será usado cada vez mais em benefício de todos os reinos da natureza que compõem a Vida Planetária. Eventualmente haverá interação global irrestrita, ou seja, cada pessoa poderá se comunicar livremente com qualquer outra pessoa no planeta. Embora esta seja uma questão para o futuro, ainda agora se pode ver seus benefícios para a humanidade. Com a ajuda da Internet, pessoas com interesses semelhantes estão em contato umas com as outras, independentemente das fronteiras políticas. A "Era de Aquário" é caracterizada pelo surgimento em todo o mundo de grupos informais criados como resultado dessa comunicação.

Este é um componente necessário do Plano Divino! Portanto, as forças das trevas sempre tentaram e sempre tentarão controlar, restringir e de uma forma ou de outra interferir na capacidade das pessoas de interagir livremente. Isso não deve ser permitido! Intercâmbio cultural, turismo e comércio de forma justa - tudo isso também contribui muito para a aproximação das pessoas e o crescimento do entendimento mútuo entre elas.Se aspiramos a ser cidadãos do planeta e a interagir em paz e em benefício mútuo, devemos entender que isso só é possível se adquirirmos a qualidade da responsabilidade. (À medida que recebemos mais Luz, desenvolvemos a "capacidade de responder" adequadamente. Esta é a verdadeira responsabilidade espiritual.)

Costuma-se dizer que as pessoas "não assumem responsabilidade" pelas consequências de suas ações. A responsabilidade não é algo que pode sertomar ou não tomar. Por definição, somos sempre responsáveis por nossos pensamentos e suas consequências. Vamos mais uma vez - de um ângulo diferente - olhar para o desenvolvimento de um indivíduo humano individual, comparando-o com a evolução da humanidade até o presente. Quando a Luz Cósmica desceu cada vez mais fundo na matéria, ouescuridão, os "Raios" desse Espírito puro, ou Mônada Divina (alguém a chamaria de "centelha de Deus") se dissiparam, penetrando na matéria mais densa - no que chamamos de "reino dos minerais". Então começou o trabalho de liberação, ou seja, a implantação da consciência em uma parte da vida inconsciente. Depois de bilhões de anos, a Luz criouuma "pré-consciência" que crescia à medida que subia, abrangendo os reinos vegetal e animal. Eventualmente, quando a Luz recebeu a orientação do Anjo Solar ou Alma, tornou-se um membro do reino humano.

Aqui está o que é importante lembrar: em essência, somos a centelha imortal de Deus, ou o Cosmos! Mas antigamente éramos apenas seres humanos formalmente, vivendo principalmente por instintos animais, e nossa Alma teve que se esforçar para nos guiar e desenvolver nossa verdadeira humanidade por um longo período de tempo.Portanto, quando algum desses seres (isto é, nós) inicia suas encarnações no plano físico para passar pela escola da vida, essa pessoa inicia sua jornada desde um estágio infantil relativamente primitivo. Ele ainda é muito parecido com um animal e age como um caçador-coletor, seguindo o caminho de menor resistência, ou seja, vivendo apenas do que pode obter para si mesmo. Isso continua enquanto ele estiver na sociedade de caçadores-coletores. Mas quando ele começa a encarnar em uma sociedade agrícola ou comercial mais avançada, onde bens e serviços são adquiridos por meio de escambo ou em troca de dinheiro, tal comportamento se torna inaceitável.

Nesta fase (no início da evolução), as pessoas ainda não desenvolveram uma consciência e, à medida que envelhecem, muitas vezes chegam à ideia de "quem é mais forte está certo". Ainda hoje, as "almas jovens" (aquelas que tiveram poucas encarnações físicas) muitas vezes estão nesse estado "infantil". Eles vivem apenas para satisfazer seus desejos. Sabemos também que alguns indivíduos, mesmo aqueles com um intelecto desenvolvido, ainda permanecem essencialmentepredadores e conseguem o que querem pelos meios mais primitivos. A sociedade deve levar isso em consideração ao organizar o trabalho dos sistemas judiciário e correcional (e outras instituições). Precisamos tentar encontrar maneiras de plantar uma nova consciência em uma pessoa, e não apenas colocar essas pessoas atrás das grades junto com outras que estão no mesmo estágio inicial de evolução. Todos sabem muito bem que isso é de pouca utilidade.

Por favor, não me entenda mal: não há nada de errado

com o estilo de vida primitivo de caçador-coletor. É só que todos nós precisamos aproveitar as oportunidades que nos são dadas para passar para níveis mais altos da escola da Vida no planeta para cumprir nosso destino Divino.Por quê? Porque a evolução do homem para a iluminação, bem como a responsabilidade associada a ela, são planejadas por Mentores espirituais, ou Hierarquia (ou Deus, se preferir). Se ficarmos presos em qualquer estágio de nossa evolução espiritual, obviamente nunca cumpriremos nosso destino Divino. O próximo passo é o início da cooperação, mas até agora apenas para benefício próprio.

Como a vida é muitas vezes ameaçadora e caótica nesse nível, começamos a aderir a certas leis e a manter a ordem. Masnesse estágio, as pessoas geralmente estão mais preocupadas em fazer com que os outros, em vez de si mesmas, sejam cumpridores da lei e disciplinados. Poder, força e controle ainda são altamente valorizados. Depois de muitas encarnações, acumulando muita experiência, fazendo muito esforço (e passando por muita dor), a pessoa aprende gradualmente que é muito mais agradável estar entre pessoas que demonstram qualidades como responsabilidade e boa vontade, e que nisso para nós, talvez, haja alguma mensagem. É nesta fase que começamos a nos abrir para o contato com nossa Alma e, como nossa Alma faz parte da Alma Una, adquirimos uma nova qualidade - "simpatia" e, como resultado, começamos a mostrar alguma preocupação com o bem-estar dos outros.

Não vivemos mais por nossos próprios interesses. O altruísmo começa a florescer! Depois de muitas encarnações, a boa vontade gradualmente se torna a

vontade de bem. Isso significa que agora está operando ativamente no nível da intenção e se torna nossa "segunda natureza". Como já mencionado, este é um momento muito importante em nossa evolução espiritual! Não há nada de surpreendente no fato de que as religiões que aparecem em diferentes períodos da história geralmente correspondem ao nível de desenvolvimento da consciência. As religiões primitivas geralmente se preocupam com coisas bastante físicas - por exemplo, animais e partes de seus corpos - e às vezes até
eles tentam invocar os elementais, ou espíritos da natureza do plano astral inferior (emocional). Cada tribo tem seus próprios deuses. Eles estão conectados com os próprios terrenos e "mundanos", podem ser cruéis e às vezes até exigir vítimas vivas. Em um nível superior, as primeiras religiões podem ajudar na cura física e psicológica e abrir os olhos das pessoas para o fato de que há vida e Espírito ou Alma em tudo.

Então temos deuses criados à nossa própria imagem infantil. Em primeiro lugar, são divindades ciumentas que querem ser servidas e adoradas. Eles nos controlam através do medo e da culpa com a ajuda de prescrições simples e inabaláveis queimposta pela intimidação: aos infiéis ("eles") são prometidas punições terríveis na vida após a morte; mas os eleitos ("nós") aguardam uma eternidade bem-aventurada. Regras emocionais! Nesse nível, as religiões às vezes são usurpadas por aqueles que estão no poder e "Deus" apenas complementa os governantes: ele favorece determinado gênero, raça, nacionalidade e as atuais ambições políticas e econômicas de alguém (doutrinas). Acontece que uma pessoa, tendo se tornado um governante, se apropria do status de um deus ou qualidades divinas.

Estamos bem cientes dos terríveis crimes cometidos em nome de religiões baseadas no medo.Por outro lado, o medo de tais religiões levou muitas pessoas que se caracterizavam pelo comportamento antissocial e criminoso ao primeiro estágio do comportamento ético. Mas continuamos a evoluir, nossas mentes se tornam mais ativas e algumas crenças, consequentemente, cada vez mais sem sentido. Se existe um Deus, então Deus deve ser melhor do que nós, não tão ruim ou pior. O dogma de base emocional está sendo questionado cada vez mais. Há cada vez menos fé no céu ou no inferno eterno, porque se torna óbvio que uma pessoa verdadeiramente amorosa não pode desfrutar a vida enquanto outros sofrem tormentos sem fim, não importa o quanto tenham pecado. E não é só isso: o propósito das "castigos" e da dor transferida é acabar com algo, nos ensinar algo para que possamos crescer mais. Mas o sofrimento sem fim não pode servir a este propósito ou a qualquer outro.

Compreendendo isso, a pessoa gradualmente se afasta de uma religião baseada em sentimentos de culpa e medo, para religiões baseadas no Amor (e que são intelectualmente mais saudáveis). O foco está mudando: se antes todos os esforços visavam apaziguar Deus e assim salvar a própria pele, agora a pessoa começa a se preocupar com todas as criaturas. A consciência começa a se desenvolver. E todo esse tempo estamos nos adaptando cada vez mais à civilização. Depois de muitas vidas, começamos a desenvolver a verdadeira cultura. Embora possamos não perceber, agora estamos nos tornando, em certo sentido, seres espirituais.

E assim chegamos ao próximo estágio, quando muitas vezes questionamos a religião, e às vezes até a rejeitamos por um tempo. Podemos passar mais de uma vida desenvolvendo a mente inferior, mas nos afastando do controle das emoções. Muitas vezes, neste estágio, a religião se torna, por assim dizer, uma ciência, ou melhor, "cientificismo". A mente concreta (ou, como dizem agora, pensamento do "cérebro esquerdo") se desenvolve demais e assume a personalidade. Essa mente está convencida de que todas as respostas podem ser encontradas no reino material, simplesmente desmontando as coisas e estudando suas partes constituintes. Nesse estágio, a mente inferior torna-se a "matadora do real" (como é chamada nos Ensinamentos da Sabedoria), porque é incapaz de ver a realidade abstrata mais elevada - a verdadeira espiritualidade - e nega sua existência. Portanto, aqueles que estão focados em uma determinada mente muitas vezes acham infundadas as verdades daquelas pessoas que são capazes de operar em níveis mais elevados. A presunção intelectual é uma armadilha em que muitos caíram nesta fase.

Ou, ao contrário, aderimos ao "hemisfério direito" e nos tornamos mais místicos. À medida que nos tornamos mais sábios, nossos deuses se tornam mais parecidos com nossos pais: esperamos que eles respondam a chamadas razoáveis e confiamos que eles se preocupam com nosso bem-estar e com o bem-estar dos outros. Entendemos que todas as pessoas têm que aprender lições ("O que será, não será evitado") e, no final, nós os recebemos experimentando plenamente a mesma dor que causamos aos outros.

Então, depois de muitas vidas, um quadro maior gradualmente se abre para nós. Estamos começando a entender como é insolente por parte de um homenzinho fraco pensar que pelo menos começou a compreender o Criador do Universo! Em termos de nível de consciência, estamos muito mais próximos dos insetos do que até mesmo do mais baixo dos Seres verdadeiramente espirituais! Finalmente, ganhamos humildade e senso de proporção. E só então se pode começar a longa ascensão à Sabedoria Divina. É nessa hora que compreendemos coisas muito importantes: tudo faz parte de um todo ainda maior; há um Princípio imutável e abrangente; o universo é uma hierarquia em evolução, e"Grande Design Universal" (como alguns chamam). E nós somos uma parte importante disso!

As pessoas que atingiram esse estágio de crescimento espiritual — isto é, responsáveis, compassivas, altruístas, que exercitam uma vontade para o bem inteligente e eficiente — são consideradas de cima como o "Novo Grupo de Servidores do Mundo". Eles estão trabalhando para um propósito mais elevado, um propósito evolucionário, quer saibam disso ou não. (Muitos não sabem. Mas pessoas com essas qualidades realmente servem ao Plano Divino.)Um pouco mais adiante falaremos sobre as etapas posteriores do Caminho do Discipulado. De tempos em tempos nascem seres entre nós, trazendo novas mensagens que nos mostram os próximos passos de nosso crescimento espiritual. Nós os matamos, e quando muito tempo passa, nós apenas gradualmente e com relutância aceitamos alguns de seus ensinamentos.

Mas as forças das trevas geralmente conseguem construir algum tipo de instituição religiosa em torno de novas verdades e, em grande medida, castra o Espírito delas, diluindo-as, dogmatizando-as e politizando-as. Há uma espécie de gravidade no reino humano, um desejo de descer ao nível mais baixo comum, e se isso não for resistido, o resultado é sempre desastroso. Vemos esse processo repetido várias vezes ao longo da onda de vida humana. Basta ouvir aqueles em posições de poder (seculares ou religiosos) e você notará com tristeza como raramente eles demonstram uma fração da verdadeira sabedoria, muito menos mais.

Mas esta situação está prestes a mudar com o advento de novas Almas iluminadas.Os indivíduos inspirados que iniciaram as grandes religiões o fizeram para lançar luz sobre o caminho que está aberto a todos nós, e todas as religiões verdadeiras continuarão a nos guiar. Um grande problema surge quando uma igreja se torna comprometida e vaidosa e começa a acreditar que ela mesma é o objetivo final. Quando um líder da igreja diz: "Você apenas tem que vir à minha igreja e você está salvo. Eu conheci a verdade, toda a verdade e a única verdade!" - essa pessoa atrapalha nosso crescimento espiritual ao invés de ajudar! É simplesmente uma indulgência dessa fraqueza que todos nós temos: o desejo de "ser mais santo que os outros". Tal maneira pervertida de pensar já levou e agora leva a sangrentas guerras religiosas e perseguição de não-crentes.

Deixe-me explicar meu pensamento: as religiões sempre foram, são e serão um meio forte e necessário para iluminar a humanidade. Mas, como em todo o resto, devemos ser exigentes quanto ao que aceitamos como verdade universal.A espiritualidade vem do que realmente somos: o Espírito. Religião, por outro lado, são crenças coletivamente compartilhadas sobre a realidade.

Nossa Alma, o Eu Superior, o "Reino de Deus dentro de nós" é nosso único guia confiável, e devemos seguir de bom grado sua orientação.

Antes de terminarmos esta seção sobre o Universo como Professor, é necessário prestar atenção especial a um ponto: todos os problemas em todos os reinos da vida, em todas as esferas da vida, são superáveis e, em última análise, resolvidos apenas pela conscientização! Devido à Iluminação Espiritual e ao Amor.Esta é uma das verdades mais profundas que uma pessoa pode conhecer, e a verdade que ela deve definitivamente pensar e entender. Todas as outras tentativas de resolver os problemas da humanidade são apenas medidas temporárias.

Nada de "paus" e "cenouras", seja bem-estar material, boa saúde, todos os benefícios de uma vida feliz - ou punição,coerção, culpa, medo, etc., por si só nunca pararam e nunca pararão a "desumanidade entre as pessoas" (Robert Burns, "O homem nasceu para chorar"). Mas eles levam a um aumento gradual de nossa consciência, como resultado do qual uma pessoa faz mais "certo" e menos - ruim. E, novamente, apenas o crescimento da consciência, tanto no nível individual quanto no nível de todo o reino humano, levará a uma vida justa e pacífica.

Os seres que agem no nível da Alma não prejudicam os outros nem por suas ações nem por seus pensamentos.Pegue qualquer cenário de sofrimento humano e, ao analisá-lo, verá que foi causado por ignorância ou estupidez, causado direta ou karmicamente pela ação de algum aspecto das vidas planetárias. Mesmo os chamados desastres naturais nos ensinam algo. Em outras palavras, o ciclo de vida do universo é o tempo que leva para elevar a consciência de toda a Vida no universo à perfeição. Ou - para a Iluminação Universal.

Isso não significa que temos que esperar bilhões de anos para que nosso sofrimento seja aliviado. Com o crescimento da consciência individual e da compreensão que leva a ações corretas e pensamentos corretos, entraremos cada vez mais em um estado de alegria.Os verdadeiros mestres espirituais sempre se regozijaram, mesmo vivendo nas condições mais difíceis! Vamos repetir mais uma vez: sempre da matéria (externa) - passando pela mente, ou consciência (qualidade) - até o Amor-Sabedoria (Espírito ou Vida). Este é o Caminho da Iluminação.

Vemos isso tanto em nossas vidas quanto na evolução do nosso planeta. Se nos fosse dado ver o quadro completo do universo, então o veríamos no retorno evolutivo de todo o Cosmos à sua Fonte perfeita. E Ele segue o mesmo caminho.Esta é a verdadeira "libertação da matéria"! É liberado, ou melhor, re-espiritualizado através do ciclo de vida eterno do universo. Este é o sentido último da vida. Este é o Plano Divino, e nós somos parte deste processo, e muito importante nisso! Alguém perguntará: "Por que os mestres da raça humana simplesmente não nos dizem e nos mostram essas verdades superiores, para que nunca duvidemos delas - por assim dizer, elas não serão inscritas no céu?"

Há várias razões para isso. O principal é que não teríamos aprendido a conhecer então, teríamos ficado ainda mais preguiçosos do que agora, continuaríamos a seguir o caminho de menor resistência e, portanto, permaneceríamos filhos dependentes (no sentido espiritual) ainda mais. Sim, verdades elevadas são muitas vezes distorcidas em um grau ou outro. Portanto, precisamos expandir constantemente nossas mentes, que é o caminho para a sabedoria. Existem muitos fenômenos que podem ser chamados de misteriosos. Eles podem ser interpretados (ou ignorados) de diferentes maneiras: depende do grau de iluminação de uma pessoa.

Portanto, as pessoas que não querem mudar suas crenças asseguram a si mesmas que eventos que vão contra suas visões não ocorrem de fato. Alguns chamam isso de "lei da desordem", outros chamam de "princípio da incerteza". Os mestres da humanidade sempre disseram que à medida que progredirmos veremos que existem muitos níveis de realidade aparente. Devemos lutar por um nível superior, não apenas para nos expandirmos, mas também porque nosso eu superior constantemente avalia,Eventualmente atingimos o estágio de sabedoria e de fato começamos a ver a perfeição do Plano Divino e a grande Verdade, abrindo-se na incrível beleza de nossa experiência mundana. E então começamos a entender: foi "escrito no céu"!

Ao longo da história, místicos em todas as partes do mundo, professando todos os tipos de religião (ou nenhuma), experimentaram esse insight e estão constantemente tentando explicá-lo a todos os outros.Bom. Se somos parte deste Universo, deste enorme Ser, e estamos imersos em um ambiente ideal para o aprendizado (cognição), por que não crescemos, evoluímos muito mais rápido? Por que "perdemos" por isso? Parece que muitos de nós estão bastante satisfeitos com nós mesmos e gostariam de permanecer do jeito que somos. Agora vamos falar sobre isso.

## Onde Estivemos (E Por Que Ainda Estamos Lá)

Sinto sono e me deito para descansar. Acho que cochilei, mas de repente acordei. Para mim, este dia é muito importante.Nossa tribo percorria a área procurando um lugar para encontrar comida. Ontem um de nossos rastreadores voltou aqui (onde nossa tribo está localizada temporariamente) e disse que viu uma família de animais grande o suficiente para fornecer comida para toda a tribo, mas não tão grande que seja muito perigoso e difícil de obter. Hoje ele conduzirá os guerreiros até lá, esperando que os animais ainda estejam lá.

Por que esse dia é tão importante para mim? Afinal, isso acontece com bastante frequência na vida cotidiana de qualquer tribo. A busca por comida é o que gira toda a vida de nossas tribos. Este dia foi especial para mim, porque pela primeira vez fui autorizado a participar da caçada - finalmente me tornei um guerreiro!Todos os jovens de todas as tribos mal podem esperar até que se tornem grandes, fortes e ágeis o suficiente para serem levados para essa caçada. Desde que me lembro, parece que só sonhei com isso, me preparando para este dia. O que significa "caçar assim"? E por que você precisa ser nomeado um guerreiro? Eu vou te dizer por quê. A tribo inteira está constantemente envolvida na caça ou coleta. Procurar e coletar comida enquanto passeia pelas proximidades é uma coisa comum. Mas para caçar animais, afastando-se do acampamento, isso é completamente diferente. É tudo uma questão de perigo: na floresta selvagem podemos inesperadamente tropeçar em animais desconhecidos. Ou pior ainda, os guerreiros de outras tribos que também podem caçar no mesmo local.

Os resultados de tais reuniões são imprevisíveis. Às vezes, mal notando uns aos outros, grupos de caçadores simplesmente se dispersam em direções diferentes sem fazer contato. Às vezes eles podem se aproximar e trocarsaudações. Mas se uma das tribos passa fome severa, o que muitas vezes acontece, então o encontro se torna uma questão de vida ou morte. Quando uma tribo encontra um bom lugar para caçar, ou quando já matou animais e está a caminho com presas, guerreiros de outra tribo que os encontrarem podem atacá-los, mutilar alguém ou até matá-los. Assim aconteceu na última caçada (então dois dos nossos soldados ficaram aleijados), é por isso que, por assim dizer, fui "empurrado para a frente". Se eu me mostrar bem, serei aceito entre os guerreiros de verdade.

Mas se esta é minha primeira saída como caçadora guerreira, então como sei de todas essas coisas e por que me sinto tão confiante? É que estou me preparando há muito tempo. Desde a infância, ouvi muitas vezes comoos homens falavam sobre caça. E não apenas os próprios guerreiros, mas também ex-guerreiros, e aqueles que logo se tornariam guerreiros, e aqueles que apenas sonhavam com isso. Parece que eles não falaram de mais nada: eles se gabavam de sucessos passados, lamentavam fracassos passados e discutiam sobre como deveriam ter agido para serem diferentes. Estratégias e táticas infinitas para qualquer situação: como se aproximar de um animal, como matá-lo e trazê-lo para casa para que guerreiros de outra tribo não o levem embora. Isso foi discutido em grande detalhe, porque tudo isso deve ser conhecido para sobreviver. Não é à toa que me sinto bastante preparado. Todos devem estar preparados para a caça, porque ultimamente a comida tem sido escassa e a tribo está morrendo de fome. Precisávamos conseguir comida.

E então chegou o dia da caça. Nós guerreiros nos reunimos (eu amo tanto a coisa do "nós guerreiros"). Estamos a caminho e a caçada começa. Silenciosamente seguindo o rastreador, penso em como a caçada une toda a tribo e como cada um desempenha seu papel nela. Outros homens fortes permanecem no acampamento, prontos para repelir qualquer perigo de fora enquanto estivermos fora, ou para ajudar se formos perseguidos (estes são nossos reforços). Mulheres, velhos e crianças nos ajudam a nos preparar para a viagem, nos encorajam e, quando voltarmos, nos receberão com alegrias selvagens e organizarão um verdadeiro banquete. Bem, e, claro, meninas. Muitas vezes notei que os guerreiros mais bem-sucedidos são apreciados pelas garotas mais bonitas. Então hoje eu vi que a garota que eu gosto e de quem eu gostaria de gostar se comportou de maneira diferente comigo. De alguma forma, ela tentou especialmente quando me desejou uma caçada bem-sucedida e expressou esperança de que eu retornaria são e salvo. Mas seu sorriso e seu olhar diziam ainda mais...

E agora chegamos ao lugar certo. Nós nos estendemos em uma linha, como combinado anteriormente, para localizar e cercar a presa antes que nós mesmos a víssemos. E então começou! Vimos alguns porcos selvagens assim que nos viram. Enquanto eu hesitava, sem saber o que fazer, caçadores mais experientes cercaram um porco e todos juntos tentaram derrubá-lo no chão. Mas não foi fácil, porque o porco queria viver tanto quanto nós queríamos comer. Eu "dançava" ao redor da luta, tentando cobrir qualquer brecha por onde o animal pudesse escapar. Exatamente issoEu deveria fazer de acordo com nosso plano. Finalmente, depois de muitas tentativas inúteis de escapar, o porco ficou exausto, um de nossos homens fortes o agarrou com força, colocou-o em si mesmo e com esse fardo guinchando correu para o nosso acampamento.

E então aconteceu algo que menos queríamos. Avistamos outro esquadrão de guerreiros. Obviamente, eles ouviram um barulho e correram em nossa direção. Suas forças estavam mais frescas e não lhes custou nada nos derrotar. Além disso, nosso rastreador notou que alguns deles eram de uma tribo chamada "ursos" por nossos velhos por sua força e crueldade.Nós nos preparamos para lutar e a todo custo salvar o saque tão duramente conquistado por nós. Excitação, medo, antecipação, raiva - tudo misturado. Lembro-me vagamente do que aconteceu em seguida. Os dois esquadrões entraram em confronto, agitando os braços e as pernas, chutando, lutando com paus e punhos. Eu levei muitos golpes e bati implacavelmente eu mesmo. Nossa porca reviveu e escapou dos braços do caçador que a segurava em uma comoção. Um dos "ursos" agarrou-a e tentou fugir.

Embora estivéssemos cansados, não íamos desistir. Nós o perseguimos, o alcançamos e o jogamos no chão. O porco se soltou novamente, mas desta vez foi agarrado por um de nossos homens mais fortes e rápidos. Encorajados por essa reviravolta, nós o cercamos, tentando não deixar um único "urso" se aproximar. A luta continuou, mas não desistimos. Finalmente, não estávamos longe de nosso acampamento e, ao ouvir um barulho, eles correram para nos ajudar. Alcançamos nosso objetivo!

Eu nunca experimentei tal elevação na minha vida. Todos gritavam e agitavam as mãos. E então é melhor: "minha" garota correu até mim e pulou de alegria. Lembro-me que então nos abraçamos. Eu estava suado, sujo, sem fôlego, e ela me abraçou! fiquei encantada!
E eu acordei.

Acorde! Então foi só um sonho? Não pode ser! Tudo era como na vida: tão brilhante, animado, emocionalmente! Eu não quero esquecê-lo. Um sonho tão vívido e realista deve significar algo importante. Interessante... bem, posso pensar nisso em outra ocasião - o futebol está começando e não vou perder este jogo por nada no mundo!Mas e uma espécie de jogo de futebol quando falamos sobre a coisa mais importante da vida, sobre verdades universais? Resposta: O fato da enorme popularidade dos chamados jogos esportivos nos diz muito sobre onde a humanidade está agora em seu caminho evolutivo, e também indica aos sábios o que precisamos superar. É claro que não há nada de errado com o esporte em si.

De um modo geral, praticar esportes é uma boa maneira de liberar energia física e emocional e, claro, é muito melhor do que a guerra (que na verdade sempre foi um esporte para pessoas agressivas). Em nosso tempo, quando as guerras se tornaram muitoterrível de ser elogiado, não é por acaso que o esporte começou a ganhar cada vez mais popularidade. Embora os esportes competitivos sejam geralmente bastante inofensivos, este é um exemplo que nos mostra não apenas a força da "atração" da matéria que temos que superar, mas também o quão suscetíveis somos às influências de formas de pensamento antigas na aura do Terra, ou seja, à memória dos antepassados. (E há muitos outros exemplos que não são tão inofensivos.) Devemos entender também que as pessoas viveram em tribos e caçaram por milhões de anos, ou seja, muito mais do que durou o período da agricultura e do comércio. Além disso, a própria sobrevivência de uma pessoa dependia do sucesso da caçada. Isso explica por que tais formas-pensamento são muito mais fortes do que aquelas que apareceram muito mais tarde. Conforme discutido na seção anterior deste livro, há pessoas que, mesmo agora, estão apenas começando a sair dessas fases iniciais do processo evolutivo. O esporte é apenas um exemplo de quão forte e emocionalmente nosso passado nos prende.

Se você não acredita que o esporte vem de formas de pensamento antigas, vamos fazer uma análise. Qualquer jogo esportivo geralmente começa com o fato de que grupos (ou, no caso mais simples, pares) de competidores se reúnem. Muitas vezes, nos jogos são usados tacos, raquetes ou bastões semelhantes a tacos ou machados - assim como bolas ou objetos semelhantes (do tamanho de um pequeno animal ou pássaro). Esses objetos precisam ser passados por cima ou ao redor de algum obstáculo, entrar na "cesta" ou "portão", martelá-los com uma vara ou taco em um buraco, etc. Está em casa"? Nesse caso, você precisa enganar ou dominar outra tribo... ou seja, outra equipe. Nos grandes esportes, a equipe adversária é sempre de outro lugar, apenas as crianças jogam jogos esportivos "entre si".

É curioso que os americanos até hoje chamem a bola de futebol"pele de porco" (pele de porco). É preciso muita imaginação para ver neste baile o porco do meu sonho, pelo qual dois grupos de povos primitivos lutaram tão ferozmente? (Especialmente quando se trata de futebol americano.) Como já disse, a maioria dos "jogos esportivos" são geralmente exemplos inofensivos da influência de formas de pensamento antigas e não muito antigas, preservadas na aura da terra, associadas à obtenção de alimentos. Mas há muitos desses "remanescentes do passado" que podem ser muito perigosos.Basta lembrar as sangrentas guerras por terras que ainda estão ocorrendo até hoje. Os povos lutam pelo direito de possuir o território onde seus ancestrais viveram há milhares de anos. Eu sei que esse é um assunto delicado, porque tem havido ocupações e deslocamentos forçados, e alguns povos têm o direito legal de exigir a devolução de sua terra natal para eles (é claro, todos têm direito a um espaço de vida digno). Mas esse apego ao "solo", quando levado ao extremo, impede a pessoa de olhar "para cima" e concentrar seus esforços no caminho da ascensão à nossa verdadeira Pátria.

Ao longo de nossas vidas, a Alma pode querer de vez em quando que uma pessoa ou pessoas se movam - para que elas se comuniquem com outras pessoas e recebam novas lições. Permanecendo no mesmo lugar por muito tempo, as pessoas chegam à estagnação, porque aqui todas as lições já foram passadas. Não admira que a humanidade esteja se tornando cada vez mais móvel eglobal comunidade. Pessoas iluminadas aproveitam novas possibilidades de liberdade para diversificar sua experiência e aprender alguma coisa. Voltando à questão de como o esporte se encaixa no quadro geral, há outro ponto importante a ser destacado. Para que um objeto voe (isso é conhecido por qualquer piloto), a força de sustentação deve superar a força da gravidade.

O mesmo é verdade quando se alcança as alturas espirituais. Tal como acontece com um avião, existem forças que querem nos levantar e forças que querem nos manter no chão. As energias que nos elevam às alturas espirituais e nos movem para uma nova consciência sãoguias planetários divinos, bem como nossa própria Alma. Eles se opõem a forças que querem nos manter para baixo; alguns deles são óbvios e são chamados de "as forças do mal", outros não são tão óbvios e, portanto, mais difíceis de superar. A energia da própria matéria tem vibrações muito baixas (falando no sentido espiritual), e para que os reinos superiores, incluindo o homem, progridam, essa propriedade da matéria deve ser superada. Muito do que acontece no mundo físico é uma "luta" entre o Espírito e a matéria, que se manifesta no homem como uma luta entre a Alma e a personalidade.

Conforme discutido na seção anterior, o universo é nosso professor. Portanto, seja especialmente cuidadoso com o simbolismo: ele podeconte muito. O nível mais pesado da matéria é o reino mineral, que é essencialmente inconsciente e imóvel. O reino seguinte, menos pesado, e com os primórdios da consciência, é o reino das plantas, que têm mobilidade limitada. Em seguida vem um reino ainda mais leve com consciência e mobilidade ainda maiores - o reino animal (a classe dos pássaros também está associada ao reino dos devas). E, claro, o reino humano (como um todo) é o mais leve e móvel de todos os reinos do plano físico. Muitos não percebem que os reinos superiores ou espirituais são tão leves (e iluminados) que não podemos sequer senti-los fisicamente, e é claro que eles já alcançaram o que chamaríamos de liberdade quase ilimitada.

Sabemos também que o reino vegetal gradualmente destrói e consome o reino mineral, que, por sua vez, absorvido pelo reino animal (e pela forma animal de nossos corpos humanos). Esses processos físicos correspondem à ascensão da consciência nos reinos superiores. Por exemplo, quando nós (ou membros do reino animal) comemos plantas, nossa energia superior é realmente benéfica para o reino vegetal. Outra coisa é quando as pessoas comem animais, porque a energia destes é muitas vezes forte e grosseira e, agindo sobre uma constituição humana mais sensível, tem um efeito grosseiro.
Sempre olhe em termos de energias!Portanto, na maioria das vezes o uso de carne não é incentivado na prática espiritual e, se for permitido comer carne, recomenda-se a carne das classes inferiores e menos cruéis de animais - peixes, frutos do mar, mas não a carne de mamíferos carnívoros . E, portanto, a propósito, nós humanos processamos termicamente a carne para alimentação, usando o poder inerente ao fogo para expelir algumas das energias brutas dos animais.

Vamos falar sobre metasestágios superiores dos reinos.O principal objetivo do reino mineral é adquirir a qualidade de organização. Olhe para um belo cristal e pense em quão alto deve ser o nível de organização para alcançar tal perfeição. Curiosamente, o estágio mais alto na evolução do reino mineral é considerado a radioatividade, quando a forma não é mais capaz de sustentar a vida que nela habita - e novamente estamos falando de um alto grau de liberdade. Algo análogo a tais transformações no plano físico também ocorre nos reinos sutis. Quando a consciência dos minerais mais avançados se eleva gradualmente ao nível do "primeiro andar" do reino vegetal, a essência de sua alma é transferida para este reino.

Então começa a jornada para um novo nível de consciência. À medida que a vida vegetal mais simples se desenvolve em formas cada vez mais elevadas (incluindo árvores, muitas vezes chamadas de "pulmões do planeta"), a alma (grupo) desperta. No final, chega um clímax em que a "alma" pode se manifestar através da beleza das flores: a liberdade se expressa por meio de sua capacidade de irradiar cheiro e cor, o que atrai insetos mais desenvolvidos, além de pássaros e pessoas. Nós, o povo, honramos flores quando as usamos em nossos rituais mais importantes e reconhecemos seu sutil poder de cura quando as damos aos enfermos.

O objetivo do reino vegetal é aprender a sentir. Gradualmente, isso levará a emoções e desejos elementares, quando a energia da alma passar para o reino animal. A onda de vida está subindo pelo reino animal, a complexidade e a mobilidade dos organismos estão aumentando; por fim, a onda atinge o mais alto padrão de vida neste reino — os animais domésticos. Eles têm a maior liberdade de movimento, enquanto querem e podem acompanhar uma pessoa em todos os lugares. Portanto, ao domar um animal que pode ser domesticado, mudamos o espírito animal nele para "pré-humano", e até certo ponto ele começa a se considerar um de nós.

O objetivo do reino animal é adquirir gradualmente emoções e desejos e depois desenvolver esses sentimentos até um nível quase mental. (Sabemos que alguns animais de estimação são bastante inteligentes.)Como esse reino começa com seres unicelulares, esses processos levam grandes períodos de tempo. Bem, tudo isso é ótimo, mas o que há para nós? O problema para a humanidade é que enquanto todos os reinos estão lutando pela iluminação a longo prazo, as energias fortes e grosseiras da matéria, a inércia da matéria, estão nos arrastando para baixo. Em uma palavra, o problema é o materialismo. A humanidade não percebe quão forte é a influência dessas forças em nosso reino e quão suscetíveis somos a elas.As coisas (Matéria) cegaram a maioria de nós.

Estamos tão profundamente imersos em seu feitiço que não os notamos mais. É para nós como a água é para os peixes.Diz-se que "o amor ao dinheiro é a raiz de todos os males". E é verdade. O amor ao dinheiro (material) é de fato a raiz de quase tudo de ruim no mundo humano. Os três "M" - materialismo, monetarismo e militarismo - não são maus em si e até desempenham um papel necessário na evolução humana. O único problema é nosso apego excessivo à energia deles. E o ruim é que nossas instituições públicas apoiam essa mentalidade.

Aqui deve ser enfatizado que a matéria grosseira nos dá outra ilusão ainda mais perigosa: no nível da matéria, tudo parece existir.separadamente. Na maioria das vezes, quando estamos no reino humano, não percebemos que fazemos parte dele e estamos conectados com todos os outros nele, bem como com tudo o que está em todos os outros reinos, em todo o planeta e até em todo o universo. Uma vez que entendamos isso, haverá um fim para as guerras, crimes e danos deliberados a outros. Começaremos a aderir à Regra de Ouro: tratar os outros da maneira que queremos que os outros nos tratem. (Falaremos mais sobre isso em breve.)

Devemos entender que o reino humanotambém devemos trabalhar para ganhar a liberdade, mas não somos livres se nos agarrarmos ao material!Ao longo da história da evolução humana, todos os professores espirituais enfatizaram a necessidade de superar nosso apego ao material. De fato, não podemos "servir a dois senhores". Quando focamos nossas energias em coisas materiais, nos privamos da capacidade de sustentar o crescimento de nossa consciência. Uma pessoa ganha o máximo de liberdade quando tomamos o controle de nossa vida e nos libertamos do feitiço da matéria, quando começamos a agir no nível de nossos corpos superiores sob a orientação direta da Alma. Ao fazer isso, acabamos entrando conscientemente no caminho do discipulado espiritual. Só então nós, de fato, nos tornamos pessoas no sentido pleno da palavra!

"Material" não são apenas "coisas" no plano físico que podem ser ouvidas, vistas, tocadas, provadas, cheiradas. Existem correspondências superiores de matéria nos níveis inferiores de todos os planos. Tomemos, por exemplo, o plano astral: lá surgem nossos desejos,associados à riqueza material, dinheiro e sensações físicas (incluindo sexuais). No nível mais baixo do plano mental, descobrimos como satisfazer nossa ganância e senso de superioridade e nos convencemos de que existe apenas a realidade que experimentamos fisicamente. É hora de parar de desperdiçar tanta energia nesses níveis baixos e relativamente materiais!

É bem sabido que muitas vezes as pessoas que têm salvado todas as suas vidasriquezas, tornam-se muito infelizes e devastados com a idade e terminam suas vidas como criaturas simplesmente miseráveis. Acontece que a vida de seus filhos também falha, pois junto com o dinheiro eles herdam valores distorcidos. Pode-se julgar o status evolutivo de uma pessoa rica (ou poderosa) se ela está apenas tentando manter seus privilégios e capitais, ou se está inclinada a cuidar dos menos afortunados e defender uma ordem mais justa que ofereça a todos oportunidades iguais. usar recursos terrenos.coisas boas. Realmente felizes são os ricos que vêem a Luz e se libertam dos grilhões do materialismo; tais muitas vezes se tornam grandes filantropos. Seres altamente desenvolvidos disseram bem: "A quem muito é dado, do que muito será pedido".Precisamos avaliar constantemente em que estamos gastando nossa energia. Nosso modo de vida não apenas influencia nosso ambiente imediato, mudando-o para melhor ou pior, mas também mostra aos mentores da humanidade se estamos aprendendo algumas lições para nós mesmos e se estamos prontos para assumir ainda mais responsabilidades.

Portanto, muitos buscadores espirituais preferem viver modestamente e despretensiosamente e consideram digno qualquer ambiente, desde o ascetismo até a prosperidade modesta. Afinal, a verdadeira beleza é simples e discreta. Isso de forma alguma significa qualquer nobreza especial da pobreza. Devemos nos esforçar para ser o Mestre de nossas vidas e não ser escravos do dinheiro ou da pobreza! A chave aqui, novamente, é a capacidade de distinguir e um senso de proporção ao definir prioridades.

## Individualização Do Livre Arbítrio

Já dissemos que a qualidade distintiva do reino humanoé o livre arbítrio. No reino animal, há uma alma grupal para cada espécie animal e, portanto, o comportamento dos representantes de uma espécie é bastante semelhante e típico. Nós, humanos, somos completamente imprevisíveis, pelo menos até que nossa personalidade se torne completa e então se alinhe e se funda com a Alma. Devemos convidar a Alma para dentro de nós mesmos e aprender a seguir sua orientação. Até esse momento chegar, colheremos as recompensas de nossa incapacidade de usar o livre arbítrio, experimentar dor e sofrimento, continuando a fazer escolhas destrutivas repetidas vezes, até que finalmente percebamos que ninguém deve perder na vida. E será muito melhor se você agir com sabedoria e se esforçar em grupo, ou seja, manifestar as qualidades da Alma.

O livre arbítrio é necessário nos estágios iniciais da experiência humana para construir uma personalidade forte e individualizada. Entãopara integrar os componentes da personalidade (físico, emocional, mental). E então - para alinhar toda a personalidade com a Alma. Tornar-se uma personalidade inteira e alinhada, demonstrando as qualidades da Alma - este é o objetivo de uma pessoa no atual estágio de evolução! Tudo isso é necessário para adquirir as qualidades únicas que mais tarde nos permitirão cumprir nosso papel especial no Plano Divino. Se uma pessoa está em contato com sua Alma, então já a percebemos como uma personalidade integral.

Na seção anterior, falamos sobre o ciclo de vida

humano típico como um reflexo do ciclo de vida mais amplo do reino humano no caminho da evolução. De um ponto de vista global, é interessante observar como os estados e outras instituições públicas muitas vezes seguem o mesmo modelo de ciclo de vida de uma pessoa. Por exemplo, estados jovens (ou estados liderados por líderes espiritualmente subdesenvolvidos) costumam se comportar como jovens: são apaixonados pela força física (militar), pela "beleza" (aparência) e pelo acúmulo de brinquedos (produto nacional bruto). Em contraste, os países desenvolvidos geralmente valorizam mais a sabedoria, a arte e a verdadeira beleza. Em outras palavras, para eles, o lado qualitativo da vida está em primeiro lugar, e não o quantitativo.

Parece que agora seria apropriado dar definições mais claras e amplas da "personalidade" individual, bem como de "Alma" e "Espírito". Na linguagem da ciência espiritual, "personalidade" é definida como os três corpos inferiores de uma pessoa - ou quatro se o corpo etérico é considerado separado do corpo.fisica; os outros dois são o corpo emocional (corpo de desejos, corpo astral) e corpo mental. Já falamos sobre os "níveis" ou "planos" do ser, mas precisamos retornar a esse tópico de tempos em tempos para seguir em frente. É claro que sabemos bem o que é nosso corpo físico, e talvez tomemos como certo tudo relacionado à sua atividade vital. De fato, a Vida é proporcionada pela presença de um corpo etérico ou energético (às vezes chamado vital, ou seja, "vida"). Quando nosso corpo energético se desconecta, significa morte (física). (Na próxima seção, falaremos em detalhes sobre nosso corpo energético.)

Quando dormimos ou estamos inconscientes, a

conexão com os corpos superiores é mantida, mas eles não necessariamente penetram no corpo físico. De fato, a "vida" no plano físico é decadência (e isso pode ser visto ao olhar para uma planta murcha ou um animal morto), pois se decompõe em suas partes constituintes para se tornar outra coisa. É claro que esta função é muito importante em seu nível, mas desempenha um papel secundário quando o corpo está ocupado com a Vida.Em outras palavras, nosso corpo físico nada mais é do que um terno em que nos convém receber nossas lições, mas não é eterno e quando usamos o "fato", devemos nos livrar dele da maneira mais maneira higiênica. Esta é uma das razões pelas quais a cremação está se tornando cada vez mais uma parte da consciência humana e é cada vez mais utilizada: a cremação purifica e libera energias para novos usos, caso contrário, elas gradualmente se decompõem e poluem o meio ambiente.

Portanto, há muito mais sentido na cremação do que nadesperdiçando energia e materiais valiosos em um cadáver já inútil.É muito importante entender que como vivemos agora determina como nosso corpo será na próxima vida (e esta é outra razão pela qual devemos seguir a orientação da Alma). De fato, por nossas ações criamos todos futurocondutores (corpos) para a próxima encarnação de sua personalidade, incluindo astral e mental. Nossas emoções e desejos são bem conhecidos por nós, mas também devemos estar cientes de que eles existem em um "espaço" especial, vasto e potencialmente perigoso - no plano astral.

O perigo está ligado ao fato de que em seus níveis inferiores, no "mundo astral", estão escondidos os medos coletivos, a raiva e o ódio da humanidade - as sementes da violência. Infelizmente, muitas pessoas passam a maior parte do tempo no plano astral. Por isso, é muito importante "acalmar as águas" de nossas emoções e desenvolver o autocontrole. E então teremos uma "superfície" clara e reflexiva na qual as energias espirituais mais elevadas podem ser impressas.

Os mestres da humanidade sempre usaram o simbolismo da água quando davam suas instruções no plano astral (emocional); portanto, considerando as qualidades da água (líquida), você pode aprender muito sobre ela. Quando as vibrações da água diminuem, ela se torna dura e fria (gelo); quando as vibrações são muito altas, ele se transforma em vapor (transição para níveis mais altos). A água "gota a gota desgasta a pedra"; dissolve minerais. Da mesma forma, os reinos superiores (mental e espiritual) destroem e consomem os inferiores (físico e astral).

Todos os nossos desejos e emoções causam a secreção de vários fluidos: a antecipação está associada à liberação de suor ou saliva, alegria e tristeza - com lágrimas, medo intenso - com micção, excitação sexual - com a liberação dos segredos sexuais correspondentes. Quando adoecemos, nosso corpo também libera fluidos de diferentes maneiras e em diferentes lugares. Essa conexão se reflete inconscientemente em nosso vocabulário: vivenciando emoções fortes, "fervemos", "congelamos", "derretemos", "derramamos sentimentos", etc. Já dissemos que o universo é nosso professor. Portanto, em tudo você precisa buscar a conformidade!

Um grande mestre do Oriente disse: "Para se livrar do sofrimento, primeiro se livre dos desejos". Aos poucos conquistando seus desejos, com certeza sentiremos como nosso sofrimento diminui e nos tornamos mais felizes. Já falamos (e continuaremos falando) sobre o quanto é importante não se apegar a nada. Agora vamos passar para o corpo mental de uma pessoa. A mente inferior ou concreta é aquela parte de nossa mente que prefere desmontar tudo e analisar. Ele se orgulha de sua lógica e, como mencionado na seção anterior do livro, é chamado de "assassino do real" porque não vê o quadro completo do universo. (Esta é a prerrogativa da Alma.)

As ilusões da mente são muito mais insidiosas do que as ilusões do plano das emoções e desejos, e igualmente excitantes. Aquelas pessoas que passam pelo estágio de polarização no nível mais baixo do plano mental estão convencidas de que não há nada além do físico, e que a vida incrivelmente complexa - e em geral todo o universo manifestado - surgiu como resultado de uma série de eventos aleatórios. eventos. Tal pensamento baseia-se na crença em absurdos como: "se um número suficientemente grande de macacos pode brincar com uma máquina de escrever, pelo menos um deles, mais cedo ou mais tarde, acidentalmente "tropeça" em uma obra literária de gênio".

O pensamento concreto levou algumas pessoas bastante inteligentes à ilusão de que todo o nosso planeta, com sua beleza e complexidade surpreendentes, auto-sustentáveis,a vida auto-aperfeiçoada, auto-regulada e até autoconsciente apareceu por acaso, de acordo com as leis da probabilidade! Se ofendi algum leitor, peço desculpas. Mas essas crenças são o resultado de um pensamento limitado, e é hora de desafiá-las.É hora da humanidade acordar; É hora de as pessoas realmente começarem a pensar, fazer e resolver questões difíceis, e não apenas acreditar nas suposições errôneas de outra pessoa. Como mencionado acima, a maior e mais perigosa ilusão da mente concreta é a ilusão da separação. A mente superior sabe que tudo Unido! Mas todos nós temos que seguir nosso próprio caminho para nos libertar das algemas do plano astral e de seu "encanto" emocional. Mesmo essa informação é suficiente para entender facilmente por que nossos pequenos eus nos dão, assim como a todos os membros do reino humano, tantos problemas.

A natureza humana é tal que estamos todos focados apenas em nós mesmos, estamos interessados apenas em "eu, mim, meu", apenas nosso próprio corpo físico com seus apetites, apenas nossos desejos, que invariavelmente nos levam a um beco sem saída, e nossos mente muito limitada, ocupada principalmente em suas próprias ilusões. (Agora não estamos falando sobre a mente abstrata ou superior, que é parte de nosso eu espiritual.) O tempo todo, ao longo de muitas vidas, a Alma observa e dá instruções à personalidade, que continua a melhorar, até que, finalmente, fica claro que a personalidade se desenvolveu bem. A alma sabe que agora a pessoa tem que construir uma ponte de arco-íris que conectará a personalidade com o "eu" espiritual superior (que sempre existiu em seus próprios planos).

Mas há um problema aqui: a personalidade ama todas as coisas como elas são; ela está satisfeita com a situação, gosta de comandar e não vai ceder seu poder.Curiosamente, nos Ensinamentos da Sabedoria, a personalidade humana (neste ponto da evolução) é chamada de "Guardiã do Limiar": afinal, ela quer manter seu controle e nos impede de alcançar e conectar-se com nosso superior, ou espiritual. , "EU". Esta é a principal causa de todo o sofrimento humano. inferior, o "eu" mundano resiste constantemente à orientação da Alma para a penetração de sua energia. Em última análise, todo o conflito se resume à resistência da matéria ao Espírito (e ainda somos em grande parte matéria). Seu resultado é a dor, que ocorre imediatamente ou mais tarde, pois "como você semeia, você colherá" (em algumas tradições isso é chamado de "karma"). Não é preciso muita imaginação para imaginar como o mundo mudaria se a maioria das pessoas não se concentrasse em sua própria personalidade, mas em seu corpo espiritual. Ainda agora, na presença de uma pessoa cuja personalidade está "impregnada" de Alma, sente-se paz interior, luz e uma grande vontade de fazer o bem!

Então essa foi uma descrição simplificada da pessoa. E qual é o "eu" espiritual mais elevado? Nossa tríade espiritual, ou corpos espirituais, existe nos planos (em "esferas") dos três atributos Divinos que já mencionamos: Vontade Divina, Amor-Sabedoria, Razão Superior (abstrata). Eles formam a Santíssima Trindade, ou os três Raios de Aspecto dos sete Raios Cósmicos Divinos de Energia. É difícil explicar e compreender verdadeiramente, porque nossos componentes espirituais ainda são efêmeros porque os alimentamos muito pouco. Mas todos nós temos momentos, às vezes, em que nos elevamos às alturas de belos pensamentos, criatividade, sabedoria, amor puro e vemos um vislumbre de nosso verdadeiro potencial.

Agora nosso planeta e sistema solar estão passando por um longo período de crescimento, e a qualidade mais importante que a humanidade precisa desenvolver é a qualidade do Segundo Raio - Amor. Nosso Deus é o Deus do Amor. No ciclo de vida anterior do nosso sistema solar, nosso Deus era (principalmente) o Deus da mente e da atividade. Esta é a sequência do desenvolvimento espiritual: primeiro ganhamos inteligência, e depois Amor (e podemos amar inteligentemente). Agora temos tanta inteligência (sem amor) que todos os problemas imagináveis são lançados contra nós. Ainda é difícil para nós entender o Amor em um nível espiritual. O que consideramos amor é principalmente amor por nós mesmos ou por nossos semelhantes. Estamos apenas começando a adquirir a qualidade de que falavam os mestres da humanidade: amor aos que estão longe, amor aos inimigos. Vamos nos debruçar sobre este ponto importante com mais detalhes.

A primeira coisa que me vem à mente é: como posso amar alguém de quem não gosto ou que nem conheço? Esta é toda a diferença entrepersonalidade e nosso superior, Divino "Eu". De passagem, notamos que no atual estágio do desenvolvimento humano, nosso "eu" espiritual é representado pela Alma. Mas no final, mesmo a Alma não será mais necessária para nós - vamos ascender ao próprio reino do Espírito Santo. Já dissemos que outro problema é nossa linguagem moderna. É fácil entender por que grande parte da sabedoria escrita do mundo é baseada em línguas antigas: elas (o sânscrito em particular) têm palavras e expressões que expressam as realidades espirituais com muito mais precisão. As traduções das Sagradas Escrituras línguas ocidentais modernas são frequentemente corrompidas, e temos que emprestar palavras de outras línguas para melhor expressar verdades profundas.

Mas voltemos ao Amor e tentemos compreendê-lo. Vamos começar com palavras como "compaixão" e "simpatia". O significado mais elevado e o significado mais sutil de palavras como "intuição" "mente pura", "compreensão", "pureza", "integridade", "cuidado", "verdade", "simpatia", "coragem", "iluminação", "graça", "favor" ajudarão a revelar melhor o significado do verdadeiro Amor espiritual. É algo muito distante de uma personalidade de "amor" sentimental, egoísta e relacionada ao sexo. Assim que começarmos a ver as outras pessoas como elas realmente são, ou seja, seres como nós, passando pelo caminho da evolução (conscientemente ou não), suas características se tornarão mais claras para nós. Quando vejo a mim mesmo e a maior parte da humanidade como filhos no caminho espiritual que realmente somos, fica muito mais fácil para mim entender os outros (e a mim mesmo); então o amor brota para tudo e para todos. Uma perspectiva mais elevada se abre e você começa a perceber o que é o Amor espiritual sem quaisquer condições.

## Mal

Falando de Amor, deve-se também mencionar sua ausência – o que chamamos de mal.O bem e o mal não são determinados por algumas leis arbitrárias, enviadas a nós por alguma divindade incompreensível. O bem é o que acaba sendo o maior bem para a maioria das pessoas; mal é aquilo que causa dano e sofrimento. Tudo parece tão simples; mas continuamos prejudicando a nós mesmos e aos outros.

Em termos de energia espiritual, Amor e Luz são dois aspectos da divindade, e o oposto do Amor é o medo. Portanto, quando a luz do Amor é obscurecida, aparece a sombra do medo. Se deixarmos a Luz entrar, então o medo se transformará em Amor. Se não fizermos isso e permitirmos que a sombra se torne escuridão, então no plano astral o medo se transformará em ódio e no plano físico se transformará em violência. Um círculo vicioso se instala: o medo gera ódio - que leva à violência - que gera medo, e a bola de neve cresce e cresce.É assim que o mal funciona: tudo começa pelo medo!

Sempre que alguém semeia medo, tudo isso joga nas mãos das forças das trevas! Não se trata dessas grandes e pequenas ansiedades justificadas que são inevitáveis em nosso caminho humano. Eles podem ser tratados de maneira sábia e esclarecida. Precisamos enfatizar novamente: no nível da matéria, tudo parece estar separado. A matéria, por outro lado, tem correspondências nos níveis inferiores de todos os planos (astral, mental, etc.), porque esses níveis, em essência, representam as energias mais grosseiras e mais pesadas dos planos correspondentes. Assim, quando os níveis inferiores do plano emocional ou mental estão envolvidos (e muitas vezes estão), nos percebemos como separados dos outros e, neste caso, surge facilmente uma sombra de medo.

Essencialmente, todo mal vem da ilusão da separação e seu eco, a ilusão da falta.O universo é abundante, mas nós humanos criamos nossa própria desvantagem por nossa ganância, ignorância e estupidez. E começamos a acreditar que podemos fazer algo para nosso próprio benefício, mesmo que doa. Prejudicar os outros. Tendo passado por esta etapa e percebendo que somos todos parte de uma grande Unidade, começamos realmente a "fazer aos outros o que gostaríamos que fizessem a nós", porque se somos parte de Deus, ou do Universo, então os outros somos nós e comemos! Sentimos essa conexão mesmo em um nível pessoal quando passamos para sentimentos mais elevados, como paternidade ou romance. Devemos entender que nos níveis mais altos somos parte do Universo e estamos conectados com tudo o que existe nele. Nesses níveis, todos os componentes da Vida planetária estão interconectados, e ela está diretamente conectada com a Vida Solar, que é parte integrante da Vida Cósmica (ou Deus). Isso explica por que os Seres Divinos se identificam com Tudo o que é, e por que a Alma se manifesta em verdadeira compaixão em nível humano.

A simpatia é a correspondência mais baixa da "Identidade Divina!" Uma vez que entendamos isso, haverá um fim para as guerras, o crime, e não iremos mais machucar intencionalmente outras pessoas. Então, seguiremos verdadeiramente a Regra de Ouro e começaremos a tratar os outros da maneira como queremos que eles nos tratem. Somos uma humanidade, um planeta, um sistema solar, um cosmos, e tudo isso faz parte de uma Vida. Portanto, a humanidade, quando finalmente se unir e se tornar iluminada, fará da Terra um planeta sagrado. Se pudéssemos ver o quadro completo, ver todo o escopo da evolução humana, ver como eventualmente aprendemos as lições necessárias e, crescendo, não causamos mais danos a nós mesmos e aos outros, então o mal e o sofrimento teriam seu devido lugar no mundo. esta imagem.

Dor e sofrimento, como os experimentamos, são condições temporárias! E o nascimento de uma criança geralmente está associado a desconforto temporário e é difícil cuidar de um bebê. Mas, quando as crianças crescem, todos os momentos desagradáveis são esquecidos e a comunicação com eles traz alegria. Precisamos entender que somos todos "filhos de Deus" e, tendo vivido inúmeras vidas, sairemos do estágio inicial da ignorância; tendo experimentado a dor como resultado de ações erradas, acabaremos por direcionar nossas energias para boas ações! À medida que nossa consciência cresce, criamos um carma mais positivo em vez de nos prejudicarmos.

O mal prevalece no mundo principalmente devido aos pensamentos e ações das pessoas em dois níveis. Em um nível, o astral inferior, sucumbimos à inércia da matéria, somos seduzidos pelo lado sensual das coisas e da vida material e queremos tê-los para sempre. Este é o resultado da estupidez e ignorância (pode-se dizer "pecado de omissão"). Ele pode ser superado envolvendo nossa mente e "vontade" superiores e fazendo o que sabemos ser certo, elevando a energia da matéria a um nível mais alto, não permitindo que a matéria grosseira nos arraste para baixo.

Em outro nível, o nível mental inferior, existem formas-pensamento criadas por aqueles que deliberadamente apoiam as forças das trevas e tentam impedir a iluminação das pessoas. Aqui reina o "pecado de permitir". Essas energias são alimentadas por aqueles que amam o poder e são seduzidos pela ilusão da importância de sua pessoa. Essas pessoas, focadas na mentalidade inferior, são mais perigosas. As forças do mal usam essas pessoas para fomentar as guerras, porque as pessoas boas se envolvem involuntariamente nas guerras, que são obrigadas a matar e destruir, protegendo-se.

O que plantamos é o que colhemos. Não brinque com Deus! Aqueles que obstruem a Luz e o Amor, mesmo que apenas em seus pensamentos, deixariam imediatamente de fazer isso, se soubessem que cadeia de eventos eles provocam, e que tudo isso se voltará contra eles. Afinal, as energias do mal podem nascer até no nível subconsciente, e precisamos controlar nossos pensamentos, pois eles podem nos levar longe. Muitas vezes você pode ouvir a pergunta: se existe um Deus ou Seres superiores, então por que eles não interferem no que está acontecendo e não impedem o mal? Esta própria questão reflete uma falta de compreensão do design e propósito da evolução e o papel que temos que desempenhar nela.

A erradicação do mal é a principal tarefa do reino

humano! Precisamos lembrar que a matéria é (relativamente) substância não iluminada. E o mal nas dimensões humanas surge da falta de Amor e Luz. E, embora ainda estejamos naquele estágio que pode ser chamado de "pré-divino", em, por assim dizer, às vésperas de nosso destino Divino, antes de tudo, somos nós, o povo, quedesempenhar um papel fundamental na erradicação do mal. Nosso propósito (humano) é trazer Luz: ela combina com a matéria e cria todas as manifestações de Amor. O mal só é derrotado pelo Iluminismo! Em outras palavras, todos nós fomos criados como parte do Plano Divino e, juntamente com todos os outros componentes do nosso universo, estamos destinados a ser co-criadores. Esta é uma das razões pelas quais nosso reino existe. De que outra forma cresceríamos se nunca tivéssemos uma escolha e se alguém fizesse nosso trabalho por nós?Não estamos aqui para passear!

Enfatizemos novamente: nós, o reino humano, como todos os outros reinos, estamos destinados a elevar a consciência da matéria; levantá-lo e, assim, libertá-lo, e não permitir que a matéria nos puxe para baixo e não nos detenha. Para fazer isso, é muito importante abrir o seu Coração (centro cardíaco ou chakra). Isso é necessário para nós mesmos - para toda a humanidade - e para todos os outros reinos que compõem a Vida planetária.Em algum nível do nosso ser, todos sabemos que o mundo como normalmente nos é apresentado não é uma realidade, e que muitos dos valores de nossa sociedade são valores falsos! Por exemplo, imagine como o mundo seria diferente se honrássemos e cultivássemos o altruísmo em vez da ganância.

Observe que a ganância é propagada em todos os lugares de forma aberta, agressiva e aberta, enquanto o altruísmo é apenas falado.E se os modelos a serem admirados e imitados fossem altruístas, pessoas compassivas que realmente fazem o bem? Mas vivemos em um mundo onde pessoas infantis com os valores mais baixos, que satisfazem seus caprichos durante toda a vida, são consideradas "prósperas" apenas porque obtiveram dinheiro ou poder temporal do sistema e o usam para auto-engrandecimento. Chegará o dia em que a humanidade alcançará um estado mais maduro no caminho da evolução e nossa sociedade será sábia o suficiente para corrigir completamente essa ilusão.
Em suma, a iluminação humana é obtida através de: meditação, que a princípio pode assumir a forma de contemplação orante: tornamo-nos abertos à percepção das influências celestiais superiores. O estudo sincero e constante é o estudo das verdades superiores em todas as suas manifestações. Atitude para com a vida como um serviço em benefício de todo o planeta.

**Meditação, estudo, serviço** – este Caminho tríplice nos permite começar a sentir a incrível realidade em nós mesmos, na qual dimensões superiores da existência estão abertas para nós!E não só são abertas, como somos incentivados de todas as formas a entrar para participar nelas e dar o nosso contributo. É interessante que nos ensinamentos esotéricos superiores se diga que o que percebemos como Amor é o reflexo inferior da Lei do Magnetismo, a Lei Universal, que mantém até os planetas e sistemas solares em suas órbitas.

No início da seção, demos exemplos de como somos atraídos pelo passado; agora estamos falando da atração do Cosmos; uma pessoa pensante tem algo em que pensar.Até agora tentei instalar os seguintes pré-requisitos importantes:

O universo consiste em vários níveis, graus e unidades de energia, cada um com sua própria consciência. Todos eles são percebidos como matéria, vida e espaço.Em nosso nível (humano) de desenvolvimento espiritual, nossa própria vida, ambiente e cada experiência de vida é nosso professor. A raiz de todo mal está no apego ao material e na ilusão da separação. Somos "Alma" e "Personalidade". O "eu" que se apega ao passado está focado apenas em si mesmo e se estende até a matéria. A alma, ou nosso "eu" adulto, é dirigida para frente, para fora e para cima; cuida do bem do todo e do crescimento da consciência dos níveis mais baixos e mais grosseiros (matéria).

Em essência, qualquer conflito é um conflito entre a Alma e a personalidade. Portanto, a dor surge principalmente como resultado do atrito causado pela resistência da personalidade ao chamado da Alma.O que nos parece crises em nossas vidas pessoais são, na verdade, manifestações de crises espirituais. Todos os itens acima podem ser considerados uma introdução à vida espiritual para o buscador sincero.

## Centros De Energia, Aviões, Corpos

**Cena:** sala de estar. Jovem sentada em uma cadeira e lendo um livro. O pai entra na sala.

**Pai:** Oi, como vai? O que você está fazendo?

**Filha:** Estou lendo um livro maravilhoso sobre chakras.

**Pai:** Novamente? Ouço! Você sabe em seu coração que tudo isso é bobagem! Tire tudo da sua cabeça! Estes são seus gurus, ou o que quer que sejam, eles já estão sentados no meu fígado. Eu daria um chute na bunda deles! Eu sei, eu sei o que você vai dizer. Que sou um materialista tacanho.

## Cortina.

Aqui está outra vez: O Eu Superior sabe o que a personalidade rejeita.Mesmo as pessoas que foram levadas à descrença na existência de corpos espirituais e centros de energias superiores, na comunicação cotidiana mencionam inconscientemente os chakras principais (ou secundários). Como isso pode ser! Por que tantas vezes escolhemos permanecer cegos (ou seja, o "terceiro olho")? Por que continuamos dormindo quando só precisamos de um: acordar e ver a verdade bem ao seu redor? Como você pode negar? Em todas as línguas do mundo, a palavra "coração" está associada às qualidades de puro amor, compaixão, simpatia, altruísmo, coragem, etc. As qualidades que agora estão sendo introduzidas na consciência da humanidade ("Deus é Amor "). Qualidades que a humanidade tanto precisa! E isso é apenas o chakra do coração. E quanto aos outros sete (esse número novamente) campos de energia principais que energizam nós humanos?

Mas pare. Em primeiro lugar, é melhor se debruçar mais detalhadamente sobre o corpo energético (etérico ou vital), que já foi mencionado. O fato é que os centros de energia (ou chacras) não existem na matéria física do nosso corpo, mas nos corpos de energia que o penetram. Deve-se notar que a matéria etérea é de fato física, mas tão sutil que a humanidade nem sequer tem instrumentos para detectá-la, exceto por alguma parte do espectro eletromagnético (isso inclui algumas auras etéreas que podem ser capturadas usando um método fotográfico especial, e eu acredito, o que é chamado "campo morfogenético").

Como esses centros de energia não existem no corpo físico, mas nos corpos etérico (e superior), deve-se entender que seus nomes, que se referem aos órgãos físicos (coração, garganta, plexo solar, etc.), são apenas aproximados indicam sua localização e relação com certas funções corporais.

A substância etérea não só penetra em todos os lugares, mas também conecta tudo com o Todo.
Através dos campos etéreos, nós humanos estamos "conectados" a toda a vida no planeta, incluindo a própria Vida Planetária. E a Vida Planetária, através desta energia, está conectada com o sistema solar e a Vida Solar.Já falamos sobre isso: graças a essas conexões de energia sutil, somos parte de Deus. Compreendendo isso, é mais fácil perceber o universo como um holograma e perceber que tudo está contido em Tudo. Aprendendo sobre a energia etérea ou vital, sobre sua onipresença e que é a verdadeira vida no plano físico, começamos a entender melhor todo o universo e percebemos que o que sentimos fisicamente é apenas uma sombra do que é real. existe.

Poderíamos falar mais sobre esse importante aspecto da realidade, mas devemos voltar aos principais centros de energia. Antes de olharmos para os sete centros principais (ainda existem secundários), é importante enfatizar que, no corpo humano, o diafragma separa simbolicamente os quatro centros de energia superiores, ou espirituais, dos três inferiores, ou pessoais. É muito importante lembrar disso, porque à medida que nossa consciência cresce, nossas energias "inferiores" são transformadas e transmitidas "supremo". Na verdade, estamos construindo uma ponte, uma "ponte do arco-íris" (chamada de antahkarana em sânscrito) entre nossa personalidade e a Alma, para ajudar nesse processo. E agora vamos falar mais detalhadamente sobre os sete principais centros de energia. Vamos listá-los de cima para baixo:

## Chacra Coronário

O campo de energia da coroa ("coroando" a cabeça e todo o corpo) parece encarnar a coroa de todas as realizações humanas no caminho espiritual. Através dele, assim como através do coração, estamos diretamente conectados com o Espírito Divino universal. Descrevendo seres despertos, artistas espiritualmente sensíveis costumam desenhar uma auréola ao redor de suas cabeças ou uma auréola acima do topo de suas cabeças. Às vezes tentamos inconscientemente reproduzir esse centro coronário no plano físico, para criar seu substituto. É por isso que, ao longo da história, os governantes de todos os países do mundo se "coroaram", em vão (e em vão) acreditando que isso lhes acrescenta sabedoria e superioridade. Nesse sentido, aquelas tribos primitivas são mais sábias, nas quais o requerente de um cocar especial, que desempenha um papel importante nos rituais,

## Chakra Do Terceiro Olho

É o olho voltado para dentro que, à medida que nossa consciência evolui e entramos em contato comA alma desperta e se torna o chamado "centro Ajna". Todo conhecimento, toda informação já está "aqui". No Ensinamento isso é chamado de "nuvem de coisas cognoscíveis". (Veja, por exemplo, "Treatise on White

Magic", original p. 456., referindo-se a Patanjali - aparentemente, "Yoga Sutras", 4:29). E podemos tocar esse enorme depósito de conhecimento (e o fazemos!) cada vez mais à medida que nos tornamos iluminados. Neste estágio da evolução da consciência, esse centro ainda está pouco desenvolvido na maioria das pessoas. Mas tudo muda quando nos familiarizamos com o processo de visualização e começamos a usá-lo para criar conscientemente no nível da matéria etérea e mental. Como resultado, o chakra do "terceiro olho" começa a agir e recebemos cada vez mais inspiração.

A humanidade ainda é pouco consciente do enorme poder da imaginação inspirada (isto é, espiritualizada).Ao ativar a imaginação superior (não confundir com mero devaneio), abrimo-nos à inspiração. Então devemos aproveitar essa inspiração, fortalecê-la e energizá-la através da capacidade desenvolvida de visualizar e iniciar o processo criativo de construção de formas-pensamento de grande potencial. Assim começamos a criar em uma realidade superior, como fizemos antes. através de nossos desejos carnais - na matéria astral. E isso é apenas o começo. Todos os brilhantes criadores do passado e do presente, em qualquer área em que apliquem suas forças, têm algo em comum: uma imaginação desenvolvida e espiritualizada.

O que muda a seguir é que, à medida que nossa consciência cresce, a glândula pineal e a glândula pituitária gradualmente começarão a interagir, como resultado do que nossas habilidades intuitivas latentes serão reveladas. Quanto mudaria a humanidade se usássemos a razão pura, ou"conhecimento direto" (que já existe nos planos superiores)! Em todos os tempos, os seres iluminados demonstraram essa habilidade. Quando a intuição das pessoas estiver suficientemente desenvolvida, não seremos mais capazes de enganar uns aos outros, como muitas vezes fazemos agora, porque veremos através das mentiras. É importante não confundir intuição com "psiquismo inferior". Este último é baseado no centro do plexo solar e se concentra principalmente no plano astral. Para uma pessoa desenvolvida, Ajna ("terceiro olho") torna-se o "olho da Alma", sua "janela para o mundo".

## **Chakra Da Garganta**

interessante porque é o centro de energia da nossa criatividade superior. Este centro espiritual funciona em um grau ou outro para todas as pessoas talentosas da arte: artistas, escultores, arquitetos, músicos, etc. Com o tempo, esse centro, como todos os outros chakras, se abrirá (ou obterá energia suficiente) para todos nós, se fizermos os esforços necessários para expandir e aumentar nossa consciência. Ao mesmo tempo, a energia do chacra sacro, ou centro sexual, que agora é usado para reprodução (e, na verdade, mais para entretenimento), será transformada e subirá para o chacra laríngeo.

Mesmo do ponto de vista fisiológico, existem algumas correspondências entre a garganta e os órgãos reprodutores, mais precisamente, entre as amígdalas (amígdalas) e as glândulas sexuais, ou gônadas. Se você acha isso ridículo, pense em algumas doenças - caxumba, por exemplo - que afetam tanto as amígdalas quanto os testículos ou ovários. A ciência não pode explicar completamente o papel das amígdalas no corpo (suponho que isso seja uma questão para o futuro). A lesão dos canais seminíferos nos homens afeta diretamente as cordas vocais e as alterações da voz.

Aqui está outro exemplo: Ouvi dizer que alguns deficientes mentaisos jovens têm habilidades excepcionais em alguma área das artes. Mas ao atingir a puberdade, eles perdem seu dom (é substituído pela atração sexual). Novamente há uma conexão entre as formas sacra e laríngea de criação!Curiosamente, os animais, ao contrário dos humanos, não são capazes de beijos apaixonados nas relações sexuais. (Sem mencionar os prazeres do sexo oral.)

## **Chacra Do Coração**

Embora já tenhamos dito algo sobre o centro do coração, agora é muito importante perceber que a humanidade precisa desenvolverqualidades de Amor-Sabedoria neste nosso atual sistema solar. A razão é esta: estamos agora vivendo em um sistema solar de segundo raio, e um de seus principais propósitos é imprimir esta qualidade Divina na humanidade. Isso é verdade, pois todos os ensinamentos religiosos do mundo dizem que nosso "Deus" é o Deus do Amor. Estando na aura, ou campo de energia, deste grande Ser, gradualmente absorveremos essas qualidades espirituais do Coração Divino (apesar de as pessoas serem muito resistentes a todas as energias novas e desconhecidas). Que momento maravilhoso será quando isso acontecer!

Pode-se imaginar como nossas vidas mudariam se as pessoascomeçam a tratar uns aos outros da maneira que gostariam que outras pessoas os tratassem. Afinal, então o comportamento anti-social e as guerras seriam simplesmente impensáveis.Talvez tenha chegado a hora de notar que às vezes os nós de energia nos chakras são comparados a pétalas de lótus. Quando as "pétalas" do Amor se abrirem em nosso centro cardíaco, nos tornaremos seres verdadeiramente amorosos. Já agora, muitas pessoas têm seus centros cardíacos abertos e em breve seu número atingirá uma massa crítica. Foi realmente dito: "Os mansos herdarão a terra" (veja Sl 36:11, Mt 5:5).

Até agora falamos sobre os quatro principais centros de energia,localizados acima do diafragma, que são chamados de centros espirituais. Agora vamos passar para três centros importantes, que estão localizados abaixo. diafragma e associado à personalidade.

## **Chacra Plexo Solar**

No corpo físico, o plexo solar é como o "cérebro" das vísceras. O chakra associado a ele governa nossa vida emocional e nossos desejos (mas não aspirações elevadas). É aqui que as pessoas menos desenvolvidas espiritualmente são polarizadas - e essas pessoas ainda são a maioria entre nós. A energia deste centro é gradualmente transformada e sobe para o centro do coração.Se alguém "engole" suas emoções em vez de entendê-las com sabedoria e amor, isso geralmente causa problemas no estômago ou na digestão, como uma úlcera. Quando alguém nos sobrecarrega emocionalmente, dizemos que "não conseguimos digerir" essas pessoas. Dizemos algo engraçado: "o estômago pode ser rasgado": o riso também é uma reação do centro do plexo solar.

## O Chacra Sacro.

Já mencionamos isso quando falamos sobre o chakra da garganta. Este é o centro sexual (reprodutivo), que está associado à auto-estima e aos instintos controlados.

## Chakra Raiz:

este centro, localizado na base da coluna vertebral, está associado ao metabolismo, com muitas funções do corpo - digestão, circulação sanguínea, excreção, etc., - desdeda qual depende nossa saúde física. A excreção de resíduos grosseiros (sólidos ou líquidos) pelos órgãos correspondentes pode ser comparada com a forma como a matéria grosseira é forçada para baixo em todos os planos (e as boas energias sobem). A fala de muitas pessoas que estão mais focadas em seus dois chakras inferiores está repleta de referências inconscientes a esses centros. As palavras "obscenas" referem-se quase exclusivamente aos órgãos físicos correspondentes aos chakras inferiores. Os palavrões mais ofensivos estão relacionados aos órgãos genitais ou excretores. É interessante notar que são os mais "centrados" em seus centros inferiores que os tratam com o maior desprezo.

Deve-se notar que existem dois chakras (ou chakra duplo) associados ao baço, e também é considerado um importante centro de energia. (Falaremos sobre o baço mais tarde.)Existe alguma conexão entre os chakras e os planos de consciência: o chakra do coração corresponde ao nível de Amor-Sabedoria (búdico); coronal correlaciona-se com o plano Divino mais elevado; o chacra do "terceiro olho" — com o plano causal (o plano da Alma); os chakras do plexo solar e sacro, respectivamente, com o mental inferior e o astral. Embora todos os raios afetem todos os chakras até certo ponto, alguns chakras ressoam mais com certos raios em qualquer estágio específico da evolução.

E por falar em chakras, o reino humano é o único reino físico que anda e fica de pé (algumas espécies de pássaros, que são mais orientados para o reino deva, não contam). A razão é que nossos centros superiores devem ser colocados verticalmente. Isso não foi até que cada pessoa recebeu sua própria alma (que foi o início do reino humano). No reino animal, os centros de energia correspondentes estão localizados horizontalmente, porque os animais estudam principalmente "movimento horizontal". Portanto, eles não podem elevar sua consciência mais alto. Nossa "mobilidade" é direcionada para cima, em direção à consciência superior.

É por isso que somos ensinados a meditar sentados eretos: essa postura nos alinha simbolicamente (em particular, nossa coluna e principais centros de energia) com nosso eu superior. As energias mais altas também estão localizadas na base da coluna. Essa energia potencial é chamada de kundalini e é muito comentada nos ensinamentos espirituais. Se vivermos corretamente, em Amor e Sabedoria, essa força naturalmente se eleva e ativa nossos centros de energia espiritual na sequência e combinação corretas. Se esse processo for coordenado com a expansão adequada da consciência, não há com o que se preocupar. Mas é importante saber que você não pode brincar com a kundalini: é uma força poderosa, e se for liberada incorretamente, as consequências podem ser as mais tristes - até a combustão humana espontânea!

Além da coluna (e chakras) localizada verticalmente eAlmas, cada pessoa tem uma terceira característica única - esta é a laringe, graças à qual ele pode falar. A laringe nos permite expressar nossos pensamentos, comunicar e criar em grande estilo. Como já mencionado, o som tem um poder criativo (e destrutivo) muito maior do que comumente se acredita. Mas, novamente, quero lembrá-lo do bem (ou mal) que infligimos a nós mesmos, estando sob a influência de um som harmonioso (ou, portanto, desarmônico). O barulho áspero é prejudicial para nós, a verdadeira música é boa, seja uma criação humana ou os sons naturais da natureza.

No passado, as pessoas sabiam muito mais sobre o poder dessa energia, e o uso da energia sonora permitiu erguer enormes estruturas de pedra (muitas das quais sobreviveram até hoje), que, mesmo com nossas atuais capacidades técnicas, surpreendem nós. Ainda temos muito a aprender sobre civilizações antigas, e então nossas ideias sobre suas habilidades insignificantes desaparecerão como fumaça. Mas, como sempre, as pessoas usaram mal esse conhecimento, e o conhecimento foi gradualmente esquecido.Pensamos que o som é ruído. Mas devemos lembrar que existem ondas sonoras que uma pessoa não pode ouvir. Os pontos fortes e as capacidades deste setor do espectro energético já estão sendo utilizados, por exemplo, na medicina.

O som é algo oposto à luz (ou, talvez, seu reflexo inferior). O som viaja bem através da matéria densa e não pode viajar no vácuo, enquanto a luz viaja melhor no espaço "vazio" e não viaja através da maioria dos materiais sólidos. O fato de algumas pessoas às vezes serem capazes de ver sons ou ouvir cores confirma a existência de alguma correspondência entre esses dois tipos de energia.Alma individual, arranjo vertical de chacras e laringe (uma ferramenta de fala) - foi isso que ajudou uma pessoa a dar um passo além do reino animal e, no final, alcançar o nível de civilização e cultura (e não o polegar estendido e outras supostas vantagens físicas de que falam os cientistas).

Agora as pessoas estão se tornando mais iluminadas, e em breve aprenderemos ainda mais sobre os chakras, ou centros de energia. Mesmo agora, quando alguém ou alguma coisa nos faz experimentar sentimentos fortes, a localização e a natureza das sensações no corpo - no peito, no estômago, na virilha - sobre muitas coisas.falar com uma pessoa compreensiva. Estas são as reações de nossos chakras. Esteja ciente deles. E, uma vez que vivemos em um universo energético, devemos pensar em termos da espiral ascendente e desenrolada da vida e da lei da correspondência. Isso significa que o crescimento físico e espiritual das pessoas, assim como dos representantes de outros reinos, bem como dos seres superiores, depende dos centros de energia. Ao entender isso, começamos a perceber por que e como somos parte de Deus, ou do universo pensante.

O reino humano não está apenas se tornando o sistema nervoso físico de todo o nosso planeta. Desenvolve a coisa e se transforma no centro de energia ("garganta") da Vida planetária. E os planetas (mais precisamente, seus"corpos") são os centros de energia da Vida solar. (A maioria dos planetas não está "morta". Pelo contrário, em muitos deles a Vida existe em um nível muito mais alto que o nosso.) Os sistemas solares são os centros de energia das constelações como Seres Vivos - e assim por

diante, até todo o Cosmos. (visível e invisível), que também é um Ser, chamado nas religiões de "Deus". Então, na verdade, fomos criados "à imagem e semelhança" de Deus.
Falando sobre o corpo energéticohomem e seus centros, vale a pena notar que eles são conhecidos há muito tempo por muitas culturas do mundo, e eles não são apenas reconhecidos, mas também trabalham com eles. É por isso que a medicina oriental, que trata do corpo energético, seus chakras, meridianos e pontos especiais de energia, cura doenças incompreensíveis para os médicos ocidentais (o pensamento limita-se aos níveis inferiores do plano físico).

Tendo adquirido alguma compreensão de nossos corpos energéticos, já podemos explicar por que as pessoas às vezes continuam a sentirpartes amputadas do corpo: porque a parte correspondente do corpo vital ainda está "no lugar". Outro exemplo: quando a circulação sanguínea em alguma parte do corpo é interrompida e depois restabelecida, sentimos sensações dolorosas de formigamento - isso devolve nosso corpo etérico ao seu estado normal. Nós nos contorcemos durante o sono quando o contato com nosso corpo vital é subitamente completamente interrompido. O que chamamos de "choque" ou "desmaio" ocorre quando o corpo etérico se separa do corpo físico. Esta é uma medida de proteção para que as pessoas (e os animais também) não sejam excessivamente feridos quando ameaçados de morte ou com dores intensas. Perdendo a consciência ou desmaiando, podemos morrer (ou talvez não), mas para nós não será tão doloroso.

No futuro, quando a humanidade se tornar mais sábia e

adquirir mais conhecimentosobre o plano etérico e o corpo vital, o que agora parece impossível,se tornará habitual. Será possível restaurar (re-crescer) partes danificadas do corpo e órgãos. Mas devemos ser realistas: há boas razões pelas quais (fisicamente) mais cedo ou mais tarde não nos importamos em "desgastar" e "morrer". À medida que entendermos mais sobre a natureza dos campos de energia etérica, seremos capazes de entender como eles funcionam em outros reinos. Seremos capazes de explicar por que os animais que são melhores em perceber campos de energia podem antecipar terremotos, migrar por longas distâncias sem nenhum treinamento prévio, encontrar o caminho de casa sem erros e sentir "espíritos" (que são campos de energia). A vida do reino vegetal também está intimamente ligada ao fluxo e refluxo das energias etéricas, razão pela qual é tão importante plantar plantas no momento certo.

Mas voltemos às informações sobre o corpo energético vital (ou etéreo) de uma pessoa. Como nossos outros corpos - emocional, mental e espiritual - também está localizado em "níveis", ou "subplanos", dos quais existem sete no total. No plano de energia etérica, os três subplanos inferiores (sólido, líquido e gasoso) compõem o que chamamos de "matéria". Em outras palavras, tudo o que percebemos como nosso mundo físico. Os próximos dois subplanos, localizados acima, estão conectados com a energia vital que nutre os corpos orgânicos de todos os seres vivos. E, finalmente, dois corpos superiores formam uma esfera que está conectada com a energia "de cima" (fontes planetárias e solares) e atrai essa energia "para baixo". Muitos acreditam que o chamado "alcance eletromagnético" é um subplano (ou subplanos) do plano etérico.

No início de sua descida, a luz do Sol penetra através dos níveis etéricos (superiores) como uma onda, descendo aos níveis mais grosseiros, torna-se partículas subatômicas, depois átomos, então, quando os átomos se combinam em moléculas, o que é considerado ser matéria é formada. NoA cada estágio, a luz se torna "mais pesada" e perde sua liberdade. Então a molécula inerte começa sua ascensão pelos reinos da natureza (células, órgãos, plantas, animais, pessoas, etc.), recuperando cada vez mais sua liberdade, e eventualmente se torna um ser livre de Luz novamente. De Sol para Alma! A "matéria" ou energia mais sutil de cada um de nossos "corpos" energéticos ascende ao seu subplano superior, onde sua essência é abstraída em uma "memória" permanente, ou registro desses corpos energéticos, no chamado "Átomo permanente". Os Átomos Permanentes de todos os nossos corpos estão localizados nos subplanos superiores e permanecem conosco por muitas vidas. Estas são as "sementes" ou correspondências superiores de nossos genes, e os "corpos" são construídos com base em cada nova encarnação.

Muitas pessoas no chamado (e desnecessariamente) mundo desenvolvido estão com problemas de saúde e sofrendo de doenças porque não percebemos o quão importante é estar ciente dessas energias e entender como elas nos afetam. Não apenas o ar fresco, a exposição ao sol, o exercício, a nutrição adequada (especialmente frutas, legumes, cereais, nozes, etc.) têm um efeito benéfico em nosso corpo energético. Como todos os nossos corpos são de fato energéticos, nossos pensamentos, sentimentos e ações também têm impacto. E os campos de energia maiores em que vivemos — físico, mental e emocional — também nos afetam, para o bem ou para o mal.As pessoas muitas vezes notaram que a saúde interior e a beleza contribuem para externo saúde e beleza. O inverso é, obviamente, igualmente verdadeiro.

A energia vital (também chamada de "prana") entra no corpo humano em grande parte através do baço e do campo de energia associado a ele. À medida que crescemos espiritualmente (nossa consciência cresce), todos os nossos corpos de energia nos conectarão aos seus respectivos subplanos ou reinos superiores, e nosso verdadeiro poder aumentará proporcionalmente.Claro, esta é apenas uma imagem geral e muito simplificada. O que é especialmente importante: nosso corpo precisa ser limpo periodicamente, e devemos acolher essas limpezas, tomá-las como certas e não tentar suprimir o desconforto físico. Ouça seu corpo e aja com ele. Não lute contra isso - isso só vai piorar o problema. Chegará o tempo em que o presente aparecerá em nossa sociedade. "saúde", e então começaremos a encontrar integridade novamente.

O ritual também pode desempenhar um papel importante na saúde do nosso corpo vital. É por isso que os Seres superiores imprimiram orações, hinos e outras cerimônias em nossa consciência religiosa. Portanto, no Ocidente agoracada vez mais engajados em meditação, recitação de mantras e prática de yoga. Se feito corretamente, isso é para o benefício de nossos corpos superiores. Quando nosso corpo físico é ferido, a impressão permanece no corpo etérico penetrando-o. Portanto, cicatrizes, rugas, etc. permanecem, embora as células do nosso corpo sejam constantemente renovadas. Marcas de nascença (e mesmo alguns "defeitos de nascença") são frequentemente associadas a danos físicos graves sofridos em uma vida passada. Eles são impressos em nosso corpo vital e carregados por nosso átomo etérico permanente, que permanece conosco por muitas encarnações na Terra (embora os "defeitos" sejam geralmente "curados" em uma ou mais vidas).

Todos os planos - astral, mental e espiritual - contêm um registro permanente da Vida e de todos os eventos. Nosso "Anjo Solar" e outros Seres Superiores têm acesso a essas "crônicas".Falando em cicatrizes e rugas, se aceitamos que as impressões digitais são únicas, e os cientistas acreditam que podem determinar uma predisposição a certas doenças, então por que muitos negam que as linhas das palmas, com as quais nascemos e que também são únicas, podem fazer qualquer coisa ? então quer dizer? Pense nisso: por que um bebê recém-nascido teria rugas nas mãos? As linhas da palma podem nos dizer algo sobre nós mesmos. Há razões para tudo.

À medida que nos abrimos para a Luz, começamos a entender que tudo faz parte da energia interconectada da Vida maior. As linhas da mão, o formato da cabeça e muito mais em nossa aparência, como o mapa astral astrológico,pode dizer muito a uma pessoa compreensiva. Ao examinar o que está por trás desses padrões de energia, descobrimos que muitas e variadas pistas estão disponíveis para nos ajudar a entender o significado da vida. Se você quiser saber sobre as correspondências de cores, então a gama de subplanos etéreos varia de lilás pálido a violeta escuro (quase ultravioleta). Curiosamente, o violeta está associado ao Sétimo Raio de Organização e Ritual (Ritmo). Este Raio de energia está agora começando a causar impacto na humanidade, e a ressonância entre as energias do Sétimo Raio e as energias etéricas abrirá novas possibilidades para aumentar a vitalidade de nosso corpo etérico.

Nos últimos cem anos, a exposição ao sétimo raio fez muitas descobertas relacionadas à eletricidade. Mas isso não é comparável ao que está para ser (e muito em breve) aprender sobre o que chamamos de eletricidade e energias eletromagnéticas.Em última análise, tudo é feito de aspectos dessa energia (eletricidade). Falando de nossos corpos de energia, um fenômeno deve ser mencionado, sobre qualargumentam e que às vezes é mal compreendido: estamos falando de questões raciaiscorpos. Como já mencionado, à medida que a consciência se desenvolve, o "veículo" ou recipiente físico de uma pessoa que contém a consciência também melhora; elevando e expandindo nossa consciência, estamos constantemente construindo e aprimorando nossos "guias". Quanto aos nossos veículos "superiores" (corpos), nós os construímos a partir de uma "substância" superior - dos desejos, de uma substância mental ou espiritual. Lembre-se de que esses corpos, como os reinos em que habitam, são ainda mais reais e duradouros do que os físicos. Mas vamos falar sobre o físico agora.

Primeiro, vamos mais uma vez imaginar todo o quadro: na verdade, somos o Espírito que desceu e parcialmente "envolto" em um corpo de energia mais grosseira, ou seja, como é comumente chamado, matéria. É mais correto dizer que o ponto da consciência superior (ou espiritual) está encerrado no corpo da consciência inferior (material). Vamos repetir o que foi dito na seção anterior: nosso Espírito surgiu como uma "centelha de Deus", ou nossa mais alta

Essência monádica, ou Vida. Este raio da divindade desceu, penetrando na substância cada vez mais densa (e nas esferas correspondentes), até atingir a substância mais densa - a matéria. Por sua vez, por bilhões de anos, essa parte da matéria se estendeu para cima e, tendo passado pelos reinos dos minerais, das plantas e dos animais, finalmente se conectou com o representante do Espírito, ou seja, com o que chamamos de "Alma".

E assim nasceu o homem!

Por toda a sua importância, este é apenas um passo em um processo sem fim. É importante entender que raça, nacionalidade, gênero e vida em nós"centelha da divindade" é essencialmente coisas diferentes: uma é mortal, transitória e a outra é eterna. Em algumas tradições, eles são representados por um demônio (ser terrestre) e um anjo (um ser celestial) sentado em nossos ombros. A interação de nosso Espírito superior com a "matéria" inferior dos condutores de nossa personalidade dá origem ao terceiro - um senso de eu, consciência, a ideia de "eu sou". Todos nós experimentamos e expressamos isso. De volta às raças: sabe-se que a ciência as definiu principalmente por parâmetros físicos. A Ciência Espiritual, como sempre, vai muito mais fundo. Estamos vivendo na quinta das sete (esse número novamente) raças-raiz nesta onda humana de vida, e cada raça-raiz é composta de (adivinhe quantas) sub-raças.

As duas primeiras raças-raiz não desceram completamente ao nível da matéria e, portanto, não deixaram vestígios físicos. A Terceira Raça Raiz foi a primeira raça a existir em corpos físicos e a ser ensinada no plano físico. O chakra da raiz era o principal naquela época. Mas mesmo assim, com os primeiros vislumbres da Luz, o germe de um ser pensante individualizado apareceu, e a humanidade começou! T As pessoas da quarta raça estavam mais polarizadas no corpo astral, ou corpo do desejo, gradualmente desenvolveram a capacidade de pensar emocionalmente e com isso a capacidade de expressar seus pensamentos através da fala. Naquela época, os chakras sacro e do plexo solar se desenvolveram. Pode-se dizer que se desenvolveram demais, porque as pessoas às vezes caíam em excessos sexuais e outros vícios que ultrapassavam até atual. Por causa dessas tendências degeneradas, a maioria de nossos ancestrais da quarta raça raiz foi finalmente destruída emsérie de cataclismos. Isso é contado nos mitos e escrituras de todas as culturas do mundo, embora tenham sido simplificados para pessoas de tempos passados. Há também muitas evidências físicas de uma inundação global, embora muitas delas ainda não tenham sido descobertas no futuro.

A principal conquista da quinta (atual) raça raiz é o desenvolvimento da mente concreta. Novamente, um desenvolvimento um tanto redundante, com ênfase em tecnologia, ciência e pensamento lógico. Embora esta fase seja importante e necessária na evolução da consciência humana, é apenas um degrau na escada interminável da hierarquia cósmica da iluminação, e até mesmo um dos primeiros passos, mas, é claro, não o principal e nem o último. , como alguns pensam. Mas mesmo aqueles que estão focados em uma determinada mente passarão para níveis mais altos quando esse estágio tiver feito o trabalho necessário.

Temos um destino muito mais glorioso, digno das mais

ardentes aspirações.O que na ciência esotérica são chamados de "sub-raças" de raças-raiz (e "ramos" de sub-raças) são, em alguns casos, "raças" antropológicas. Para evitar mal-entendidos que já causaram grande sofrimento no mundo, é importante destacar os seguintes pontos: Primeiro, quando a ciência natural fala de raças, o que geralmente se refere é o corpo físico, e não a Alma, como já foi dito .

Em segundo lugar, todas as raças são geneticamente descendentes de raças anteriores (com alguma ajuda de cima, sobre a qual falaremos em breve). Portanto, não existem raças absolutamente novas ou puras. Portanto, não há razão física ou espiritual para que pessoas de diferentes raças não possam se casar e ter filhos. Mas há muitas razões diferentes pelas quais as pessoas podem fazer isso, e uma das mais importantes é fornecer material genético para novas raças.

Em terceiro lugar, não existem raças "ruins" ou "boas". De tempos em tempos, surgem novos corpos raciais que fornecem à Alma maisveículos adequados e refinados para aprender as próximas lições destinadas a nós, e as "formas" antigas e mais grosseiras morrem. Há muitos exemplos na antropologia. Além disso, novos corpos raciais são criados levando em consideração as mudanças climáticas da Terra. Como tudo que compõe a Vida planetária está em constante aprimoramento, e o planeta "acelera", ou seja, eleva sua vibração (sua consciência), não são apenas os corpos físicos dos homens que mudam, inevitavelmente acontece em todos os reinos da natureza.

Sabemos que, no passado distante, os corpos dos

animais eram muito mais grosseiros,e com o advento de outros veículos mais adequados, os antigos corpos gradualmente desapareceram. Os cientistas estão tentando encontrar a razão para a extinção dos dinossauros. De fato, os dinossauros foram "mortos" pelo fato de seus corpos terem paradoconhecer novas oportunidades de melhoria. Sua onda de vida passou para corpos novos, menores, mas mais eficientes. A mesma coisa aconteceu com muitas outras espécies animais (e eventualmente acontecerá com os humanos também).

Quarto, qualquer pessoa razoável deve entender que cada raça tem algo a aprender com outras raças. É hora de falar sobre racismo. Basicamente, nasce da baixa autoestima, que se traduz em um desejo de encontrar alguém para desprezar. Sabe-se que pessoas bem ajustadas e com uma autoestima saudável não são encontradas entre os apoiadores de extremistas e não sofrem de paranóia. A vida é um espelho: quem calunia os outros expõe suas próprias fraquezas. Fraquezas que não queremos notar em nós mesmos, projetamos nos outros - seja preguiça, roubo, engano, promiscuidade sexual ou outros "pecados".

E agora chegamos ao momento presente. E as próximas corridas? Para responder a esta pergunta, devemos desviar um pouco do tema e relembrar o reino que já mencionei e que é chamado de "reino dos devas" ou anjos. Este reino vasto e onipresente está associado a muitos mal-entendidos entre as pessoas. Tentarei dar minha própria interpretação extremamente limitada (e provavelmente um tanto errônea) dessa importante linha de evolução. Este reino, que geralmente não é percebido pelos cinco sentidos de uma pessoa (porque seus representantes habitam reinos mais sutis), tem sido falado por muitos místicos, médiuns e mestres espirituais ao longo da história, e seus habitantes são mencionados nas escrituras religiosas ao redor. o mundo. Mitos e lendas falam de alguns desses seres, os menos desenvolvidos e os mais variados, os espíritos ou elementais da natureza. Seres mais desenvolvidos são frequentemente chamados de anjos.

No nível atual da evolução humana, o reino dos devas e o reino humano são considerados mundos paralelos em certo sentido, embora no processo de evolução os devas também devam passar pelo estágio do reino humano para alcançar níveis espirituais mais elevados. Portanto, nossa consciência e a deles não são totalmente compatíveis até que avancemos para os reinos espirituais mais elevados. No entanto, em ambos os domínios há aspectos que estão profundamente entrelaçados.

Como os fluxos de vida evolutivos de devas e humanos seguem um curso paralelo, eles têm, até certo ponto, os mesmos níveis de realização: o que chamamos de físico, astral, mental e espiritual. Os seres Dévicos constituem a matéria desses planos e são seus construtores. Em outras palavras, eles constroem a partir de sua própria substância. Isso é mais fácil de entender se você pensar neles como energia. quem eles são, não como sobre as formas que eles criam.Os devas inferiores ou involucionários que habitam os planos correspondentes ao nosso físico e astral (e até inferiores) são frequentemente, como já mencionado, agrupados sob o grupo "elemental". A imaginação imediatamente nos atrai bruxas de chapéus pontudos com gatos pretos e caldeirões ferventes, mas embora as pessoas às vezes (com grande risco) tentem influenciar essas entidades por motivos malignos ou egoístas, os elementais não têm tanto livre arbítrio quanto as pessoas. Mas eles estão felizes em trabalhar, obedecendo a seus próprios altos mentores e mentores espirituais de nossa evolução planetária. (Lembre-se: "Mestre de anjos e pessoas"?)

O reino deva é especialmente ativo no reino vegetal. Os espíritos da natureza, de que tanto se fala, não são fruto da imaginação de alguém. Eles são responsáveis pelo progresso e crescimento neste reino (e o incorporam).Cada elemento - fogo, água, vento, etc. - tem seu próprio espírito. Esses elementais não têm inteligência no nosso sentido, mas podem ser bastante brincalhões. Já aconteceu com você: você está sentado perto do fogo e a fumaça está chegando até você, independentemente da direção do vento? Você muda de lugar - ele o seguirá... Os ensinamentos esotéricos dizem que insetos e pássaros estão intimamente associados a este reino e, em alguns casos, atuam como intermediários entre as duas correntes evolutivas - devas e pessoas. (É curioso que muitos dos "sinais" estejam associados a pássaros. Lembre-se também do Espírito Santo em forma de pomba.)

O que tudo isso tem a ver com o corpo racial do homem? Como já disse, novas raças são introduzidas periodicamente para fornecer veículos mais perfeitos para nossa consciência crescente. Alguns dos fenômenos incomuns que estão acontecendo agora podem ter uma relação direta com isso.

## Ufo E Devas

Todos nós já ouvimos muitas vezes sobre fenômenos incomuns que ocorrem quase diariamente. Embora muitas vezes sejam atestados e documentados em detalhes, a maioria das pessoas não tem como acreditar neles. Refiro-me ao conhecido fenômeno UFO. Daqueles poucos que não são avessos a ao menos conhecer as evidências, a maioria está convencida de que são artimanhas de seres de outros planetas, que estão muito distantes de nós. É interessante notar que esta categoria de pessoas pode ser dividida em dois grupos: alguns acreditam que os seres alienígenas têm boas intenções e querem salvarhumanidade da ignorância e autodestruição, enquanto outros veem motivos mais sinistros e egoístas em suas visitas. Novamente projetamos nossa própria natureza e nossos próprios medos nos outros. Mas gostaria de fazer uma sugestão diferente. Ou seja, esses fenômenos são "obras manuais" dos devas. Agora o reino dos devas, ou anjos, está ajudando a desenvolver novos corpos raciais para a humanidade (como tem ajudado ao longo de nossa história). Além disso, eles têm outras missões relacionadas à evolução.

Para começar, como a ciência ortodoxa estabeleceu, pequenas mudanças e melhorias ocorrem sob a influência demutações genéticas "naturais". A capacidade de melhorar gradualmente o corpo físico e outros corpos à medida que a consciência crescia estava desde o início "programada" em qualquer vida. Mas não é possível admitir que para mudanças essenciais, que os guias Divinos da raça humana reconhecem periodicamente como necessárias, é necessária a ajuda de "forasteiros"? Em algumas tradições religiosas, os habitantes deste reino paralelo a nós são chamados de "anjos". Mas, no final, esse reino inclui tanto os construtores quanto a própria substância de nossas cascas físicas. Não é lógico que também deva participar de mudanças genéticas (programas)?

A ciência ortodoxa acha difícil explicar o rápido crescimento da civilização e da cultura na atual era geológica. Suas teorias não podem fundamentar saltos evolutivos no desenvolvimento da humanidade, e é preciso recorrer a hipotéticos "elos perdidos". Modelos humanos "novos e aprimorados" sempre aparecem "de repente", de forma relativamente inesperada. E assim não é apenas com as raças humanas, mas também com os reinos vegetal e animal: "de repente" novas espécies aparecem e as antigas morrem constantemente.Em tempos de grandes mudanças (como agora), quando as novas energias zodiacais coincidem com as novas combinações de energias dos Raios Cósmicos (ambos os quais influenciam muito a vida planetária), é justamente esperar o surgimento de novas formas de vida. E se sim, então por que não supor que os famosos fenômenos de "círculos nas plantações" no reino vegetal, "mutilações de gado" (e, de fato, intervenção cirúrgica incompreensível para nós) no reino animal e "experimentos genéticos em prisioneiros de OVNIs" em o reino humano - são apenas manifestações individuais das inúmeras transformações físicas que acompanham as atuais mudanças psicológicas e espirituais?

Já foi dito que os cinco sentidos do homem geralmente não podem perceber o reino dos devas. Mas o inverso não é verdadeiro: em geral, os devas sabem sobre nós. E alguns deles, sob certas circunstâncias, podem até desacelerar suas vibrações e passar para nossa dimensão. Eles também podem elevar nossas vibrações para que possamos superar nossas limitações físicas. Desta forma, podemos interagir em uma espécie de "zona de fronteira" etérea.

É interessante notar que os participantes dos "experimentos genéticos" associados aos OVNIs, embora possam não querer, encontram-se em estados alterados de consciência: sua consciência atravessa paredes, etc. (Em outra dimensão, isto é, em na verdade, um estado normal.) Aqui está outro detalhe curioso: eles dizem que a estrutura de seu corpo e especialmente os olhos dos "alienígenas" se assemelham a insetos. Essas formas externas são mais fáceis para os devas assumirem do que as mais complexas – digamos, humanas – porque insetos e pássaros têm uma conexão mais próxima com o reino dévico. Agora vamos falar sobre por que esses "contatos" com OVNIs são percebidos como violência.

Imagine-se no lugar de uma pessoa que teve que passar por uma experiência tão traumática (especialmente se uma pessoa não entende o pano de fundo evolutivo disso). E quando você tenta falar sobre suas experiências, eles dizem que ou você foi enganado, ou você mesmo inventou tudo, ou – se eles acreditam – você foi vítima de criaturas terríveis de outro planeta. Naturalmente, você se lembrará de sua experiência com duplo horror e desgosto. Mas vamos olhar para tudo isso de um ponto de vista diferente: se nós humanos somos em certo sentido "células" do corpo físico de Deus, e nossos corpos físicos mudam (já que encarnamos em milhares de corpos ao longo de bilhões de anos), o que corresponde à mudança de células no corpo de Deus, então talvez não devêssemos estar tão completamente identificados com nossos corpos? Em vez disso, devemos entender que são como roupas que vestimos de manhã e tiramos à noite, e que nossos corpos nem mesmo nos pertencem: eles nos são dados para uso temporário. E se sim, não queremos que os corpos sejam constantemente melhorados? Este processo pode e irá nos fornecer conchas melhores e mais apropriadas à medida que nossa consciência cresce. Afinal, temos um propósito maior do que apenas existir.

Se acreditarmos nas inúmeras histórias de "abduzidos por alienígenas" (descartando as invenções óbvias) sobre os experimentos realizados com eles e olharmos tudo isso no contexto acima, não veremos mais senso comum nesses eventos?E, mais importante, eles não terão mais senso comum do que as teorias existentes? Em outras palavras: de que outra forma os avanços evolutivos em larga escala podem ser realizados? Embora a maioria das pessoas tenha uma ideia de anjos e devas a partir de ensinamentos religiosos tradicionais, devemos lembrar que esses conceitos nos são explicados principalmente na infância; consequentemente, esta informação destina-se principalmente à percepção da mente imatura de uma criança, e muito mais é acrescentado "para a palavra vermelha". Portanto, é importante enfatizar que outros reinos não existem para satisfazer nossas fantasias e desejos. Eles, como nós, têm seus deveres e seu lugar no esquema geral da evolução (seu próprio dharma, como dizem na Índia). Eles não têm intenção de nos prejudicar. Em um panorama amplo, são de grande ajuda para a humanidade.

Mas existem criaturas humanas e não humanas que, por ignorância ou malícia, tentam interferir em seu trabalho em benefício da evolução. Segue-se que, ao aprender mais sobre o reino dos devas e seu papel no Plano Divino, precisamos entender que os eventos nos quais eles estão envolvidos nem sempre são simples e podem ser arriscados. Portanto, devemos ter cuidado para não interferir intencionalmente no trabalho dos devas em nenhum caso e não tentar usá-los para fins egoístas. Tentar manipular seres do reino dos devas é o que se chama de magia negra - uma ocupação extremamente perigosa! Mas há pessoas que podem se comunicar com os espíritos da natureza com cuidado e respeito e, movidas pelo amor e não pelo egoísmo, podem receber instruções das energias dévicas do reino vegetal e cooperar até certo ponto com elas.

Quando um novo universo aparece - após uma longa "noite" de descanso - ele começa com uma manifestação sonora da matéria (ou Espírito inferior), seguida de "Luz" (ou Espírito superior), gradualmente mais profundo e penetrando mais profundamente na matéria. Isso resulta na criação da consciência em todos os níveis (em uma esfera ou reino); ela desce, e assim começa o processo da Vida. O Todo então começa a longa jornada de retorno à perfeição (ou a "Casa do Pai"; veja João 14:2). Incontáveis universos - com incontáveis galáxias - com incontáveis sistemas solares que unem incontáveis vidas cada vez mais complexas, e tudo isso está sempre se movendo ao longo da espiral ascendente do pináculo brilhante da Vida! E todo esse tempo nósvivendo em um pequeno planeta, os Mestres Divinos ensinam os mistérios da energia em todos os níveis e como usá-la corretamente neste teatro do ser.

Gradualmente, cumprimos nosso papel, iluminando nossa parte da escuridão e, assim, assumindo a responsabilidade de iluminá-la cada vez mais. Até que não haja escuridão nenhuma!

Assim, depois de bilhões de anos, tudo chega ao equilíbrio perfeito, à harmonia perfeita, a um clímax deslumbrante. E tudo isso está contido na Mente Cósmica perfeita.

## A Escola Acabou

Desamparada, sento em uma cadeira próxima, lágrimas rolando pelo meu rosto. A vida está lentamente deixando-a, e estou em completo desespero porque não há nada que eu possa fazer para ajudar. Ela não é mais jovem, mas esta linda mulher ainda é tãoEu poderia dar muito a este mundo. Como é injusto que a vida termine agora, quando suas qualidades são tão necessárias! Talentoso, compassivo, abnegado - há tão poucas pessoas assim! Ela ainda viveria e viveria...

Furtivamente eu enxugo minhas lágrimas, embora de quem se envergonharia? É claro que todos nesta sala estão experimentando os mesmos sentimentos que eu. Se pudéssemos fazer alguma coisa! Mas nada pode ser feito e a cortina sobre sua vida está baixando lentamente. Isso que é vida. Isso é "morte". Só a morte não acontece! Os ensinamentos esotéricos dizem que nascemos no plano físico de acordo com a Lei da Limitação e "morremos" de acordo com a Lei da Libertação. Muito em breve voltaremos ao que é dito nos Ensinamentos de Sabedoria sobre nosso Retorno ao Lar. Mas primeiro, imagine que estamos em um teatro. Embora saibamos que os atores estão atuando no palco, a ação parece muito crível e experimentamos sentimentos reais. Mas a performance termina e lembramos que uma vida ainda mais real nos espera, nosso mundo real. Comparado ao mundo do espetáculo, nosso mundo tem mais dimensões; ainda é muito mais interessante viver nele do que no teatro, por mais emocionante que seja a produção. Quão mais real, interessante e viva será nossa vida quando retornarmos do teatro do plano físico ao nosso verdadeiro Lar, onde há ainda mais dimensões!

Vamos agora ver o que nosso estabelecimento tem a dizer sobre isso. Não nos é oferecida uma grande seleção. Pode-se aceitar o dogma da ciência moderna de que a morte destrói completamente a personalidade. Ou você pode aceitar um dos ensinamentos religiosos sobre a vida após a morte: ou um interminável culto na igreja espera por você, ou um tormento eterno, o mais terrível que uma pessoa pode inventar. Não é de surpreender que, com essa perspectiva, muitas pessoas se apeguem ferozmente à vida. (Curiosamente, aqueles que se consideram os mais devotos muitas vezes valorizam a vida no plano físico ainda mais do que aqueles que se dizem ateus.)Devemos elevar nossa consciência e não sermos limitados por esses dogmas! Podemos tirar proveito de um dos muitos presentes que agora são dados à humanidade - a oportunidade de compreender profundamente a transição que erroneamente pensamos como "morte".

Algo pode ser aprendido com a chamada "experiência de quase morte" (EQM). Tais casos são amplamente descritos e geralmente reconhecidos. Que respostas eles dão às perguntas eternas sobre a morte: O que uma pessoa sente quando a alma deixa o corpo? O que uma pessoa experimenta ao se separar de tudo a que está acostumada?E o que acontece depois que fazemos a transição? Apresento meu próprio entendimento, a partir da análise das informações disponíveis à humanidade sobre o "outro lado". Todos aqueles que vivenciaram a morte clínica dizem que vivenciaram um estado de alegria. Uma vez que eles "atravessaram" e viram a Luz (com a ajuda dos seres que habitam esses reinos), eles experimentaram tanta felicidade que não quiseram voltar. Onde está o medo?

Os Ensinamentos da Sabedoria Eterna confirmam essas impressões dos sobreviventes da EQMe falar sobre a grande sensação de libertação que experimentamos quando não estamos mais sobrecarregados pelo corpo que tanto nos limita. Por trás desse sentimento de liberdade vem a percepção de amplas oportunidades para avançar em direção à Luz e, assim, fortalecer o crescimento espiritual. Alguns podem dizer, bem, de que adianta isso? "Crescimento espiritual" não soa muito excitante em comparação com as alegrias do plano físico. Mas e a diversão? E as festas? E as aventuras? E os prazeres sensuais?Sim, de fato, a "matéria" nos dá alegrias temporárias (no entanto, dores severas), e é a sedução dessas energias grosseiras que nos tenta a retornar ao mundo físico, encarnando repetidamente, até que, finalmente, superemos isso.

Em casos excepcionais, os corpos astrais daqueles que estão muito absortos sensualmente podem até se tornar "ligados à terra" depois de deixar o corpo físico. Resistindo ao chamado da vida superior, os resquícios das energias astrais se revestem de substância etérea e se transformam em "espíritos". Às vezes, eles até tentam assumir o corpo de uma pessoa viva. Obviamente, se uma pessoa está imersa nas sensações do plano físico e no desejo do astral, ela ainda não está pronta para as alegrias profundas e eternas de uma vida mais elevada e ampla. Para fazer uma analogia: se você pedir a uma criança que escolha entre sorvete e ir ao teatro ou concerto, a maioria das crianças escolherá sorvete. Mas um adulto mais desenvolvido intelectualmente tem muito mais probabilidade de preferir um evento cultural. Como a maior parte da humanidade ainda está no estágio infantil de desenvolvimento da consciência, não é de surpreender que ainda optemos por voltar a uma vida despreocupada e frívola. E assim será até que finalmente aprendamos todas as lições necessárias que estão preparadas para nós no plano físico. É quando nós "Vamos deixar os brinquedos de lado" para sempre.

Agora que o planeta está se tornando cada vez mais iluminado, muitas pessoas aproveitarão a oportunidade para crescer e escolher a Vida ao invés da vida. Todos os itens acima são motivos suficientes para os parentes não "manterem" a pessoa que os deixa. Afinal, é óbvio que, lamentando muito nossos falecidos, não lhes fornecemos um campo de energia favorável. Não seria melhor acompanhá-los a um novo mundo enorme com alegria e boas palavras de despedida? Também devemos entender que a morte do corpo físico e do cérebro é uma grande bênção, especialmente para o reino humano. Você pode imaginar o quão lentamente nos desenvolveríamos se vivêssemos para sempre? Mesmo nos "intervalos" entre as encarnações, muitos ainda anseiam pelo familiar e, na próxima vida, tendo novas oportunidades, usam seu livre arbítrio para retornar ao antigo. Outra grande bênção: não nos é dado conhecer o nosso futuro. O que precisamos saber, recebemos em sonhos, visões e sinais, mas podemos determinar nosso próprio destino por meio do livre arbítrio.

Vamos continuar falando sobre nossa transição. De acordo com os sobreviventes da EQM, experimentamos a sensação de que toda a nossa vida passada "passa diante dos olhos". Não há nada de impossível nisso, como pode parecer à primeira vista, porque nossa compreensão do tempo é baseada no conceito desenvolvido pelo nosso cérebro físico, que o percebe como linear, uniforme e unidirecional. À medida que deixamos o mundo físico e encontramos nosso lar nos reinos mais elevados (mais sutis), experimentaremos o "tempo" de uma maneira muito diferente. Isso é o que acontece no estado de consciência chamado "sono": sonhamos um sono muito longo e, quando olhamos para o relógio, descobrimos que tiramos um cochilo um pouco. Acontece também o contrário: parece-nos que dormimos um pouco, mas quando acordamos verificamos que dormimos muitas horas.

*O sono e os sonhos podem nos ensinar muito sobre o que chamamos de morte.*

No processo descrito, é importante revermos nossas vidas, reexperimentar nossos relacionamentos com outras pessoas em todos os níveis. Nesses momentos, experimentamos felicidade ou dor - sentimentos que surgiram naqueles com quem nos comunicamos. Enfrentamos todas as alegrias e tristezas que nós mesmos causamos e, consequentemente, sentimos o mesmo que outras pessoas experimentaram conosco - nada escapa, nenhum segredo permanece.Tudo será lembrado - dores físicas, experiências emocionais, tormentos mentais e todas as coisas boas. E também o bom, o mau e o feio.

Como o tempo parece diferente nesse estado, às vezes olhamos para nossas vidas "de trás para frente", e então é mais fácil ver as causas de muitos eventos. Este processo lembra um pouco o dogma do purgatório. (Por isso, a propósito, o Ensinamento da Sabedoria recomenda que antes de dormir nos lembremos do dia em que vivemos e tentemos corrigir mentalmente tudo o que fizemos.)Você pode perguntar: e aqueles que servem às forças do mal e das trevas? O que acontece com aqueles seres que se apegam ao material, que preferem ficar no reino sensual, conscientemente declaram guerra a qualquer forma de iluminação e Amor? E aqueles que são responsáveis por atrair pessoas espiritualmente fracas para guerras sem fim, por incitar o ódio, alimentar a ganância, pela exploração? Como suas energias ressoam com os níveis mais baixos e sujos do plano astral, eles vão para lá após a morte. Esta é uma esfera de escuridão em todos os sentidos da palavra, uma dimensão na qual não há absolutamente nenhuma bondade, verdade, beleza. (Nós, humanos, ajudamos a criar esses reinos inferiores com nossos pensamentos e ações mais grosseiros enquanto ainda estamos na carne.)

Este nível inferior de vida após a morte pareceria um inferno para qualquer pessoa desperta. Somente seres que não têm absolutamente nenhuma conexão com sua própria Alma podem entrar em tal ambiente. Mas essas pessoas realmente existem, são fáceis de encontrar nas páginas da história e, às vezes, entre nós. Alguns chegam até ao poder, e não estão apenas no governo, mas também nos negócios e até na religião - onde quer que o objetivo de divisão e estagnação possa ser servido.Basta dizer que subiremos (ou seremos atraídos) a um nível que ressoe com nossas ações na vida no plano físico e, além disso, nos dê a oportunidade máxima de aprender todas as lições necessárias. Tudo está lá - da bela felicidade aos infernos terríveis. De fato, há "muitas moradas" (veja João 14:2). As pessoas que dedicaram suas vidas ao serviço planetário, aprenderam a avaliar suas ações continuamente e corrigi-las adequadamente, requerem apenas uma pequena experiência de estar no nível inferior (astral) e rapidamente se movem para esferas superiores, mais próximas da Alma. . Para eles, o tempo passado no "purgatório" passa rapidamente.

Então fazemos a transição para as esferas, que em diferentes religiões do mundo são chamadas de "céu", "paraíso", devachan, etc.Durante nossa estada temporária no céu, recebemos oportunidades e experiências mais elevadas. Lá podemos desenvolver ainda mais as qualidades positivas que adquirimos em vidas anteriores. No mundo "celestial", não somos mais sobrecarregados pelas energias dos desejos e emoções grosseiros - eles foram apagados durante nossa permanência no mundo astral. Agora estamos separados das forças das trevas.

Podemos usar tudo o que em um nível superior corresponde a bibliotecas humanas, museus, universidades. As esferas mentais superiores e ainda superiores contêm todos os mais valiososconhecimento do mundo e o melhor da cultura.

O tempo que nos é concedido passará (embora o tempo não seja linear, masainda existe!) permaneça em um mundo superior, e nossos desejos não realizados, carma e necessidades do Planeta nos atrairão para uma nova vida na Terra. E então voltamos a descer ao plano astral e novamente nos adaptamos às energias deste mundo, pois em breve teremos uma nova encarnação e estaremos sujeitos à sua influência. Quando chega a hora da "reencarnação" (nova encarnação), nossa Alma e os "Senhores do Karma" escolhem as energias do ambiente e da família (a partir do que é) que são mais adequadas para o próximo estágio de nosso crescimento. Devo dizer que devido à ignorância, maldade, superpopulação, muitos daqueles que retornam ao nosso mundo têm perspectivas muito sombrias. No entanto, nos é dada uma situação (ambiente) - novamente, pelo que está disponível naquele momento - que fornecerá as melhores oportunidades.

Se falamos de mais iluminação, apenas algumas de um grande número de pessoas alcançam algo em cada vida, porque basicamente uma pessoa passa sua próxima vida repetindo o caminho que percorreu, reaprende o que já começou a compreender em vidas passadas. Portanto, leva muito tempo para, por assim dizer, "ganhar velocidade". E lá, nossas cabeças geralmente já estão cheias de ideias de separação, porque as forças das trevas querem que nossas mentes permaneçam fechadas. Muitas pessoas passam a maior parte de suas vidas satisfazendo necessidades materiais e caprichos miseráveis, e é aí que elas veem o sentido da vida. Portanto, muitos de nós temos que viver muitas vidas antes de finalmente embarcarmos no caminho da ascensão ao espírito e à consciência, e para isso precisamos de muita experiência de vida. Em diferentes vidas, podemos receber diferentes traços de personalidade, determinado por um determinado Feixe; nascemos sob diferentes signos do zodíaco, em diferentes nacionalidades, e assim por diante. Recebemos os corpos mais adequados para o próximo curso de aulas. O gênero também muda periodicamente, então em alguma vida pode haver uma "falha" de orientação sexual, mas com o tempo, tanto no indivíduo quanto no mundo, tudo se harmoniza.

Quando entendemos que uma pessoa tem muitas vidas, é fácil entender quepor que os filhos de alguns pais são tão diferentes: um filho é calmo e o outro é barulhento, alegre ou arrogante. Traços genéticos recebidos dos pais só contribuem para o corpo físico. A base da personalidade foi formada ao longo de um número infinito de vidas (e continuará a ser formada). Mas a personalidade também é transitória. O Ser Primordial é transferido de uma vida para outra pela Alma imortal. É importante lembrar mais uma verdade: temos muitas vidas e, mais cedo ou mais tarde, vivenciaremos (ou pelo menos veremos em primeira mão) quase toda a experiência humana. Cada uma de nossas ações - boas ou más - fornece uma resposta (karma). Portanto, por todas as vidas que vivemos e ainda vivemos, nós, aparentemente, causaremos outras, e nós mesmos experimentaremos tudo o que pode ser causado e vivenciado. Como muitas de nossas ações foram e são ruins, elas voltam para nós (karma!) e respondem com experiências muito desagradáveis. Mas em vidas posteriores, quando somos tentados a repetir os mesmos erros, em algum nível nos lembraremos de quanta dor eles já causaram a nós e aos outros.

É assim que começamos a desenvolver o discernimento que leva à sabedoria. Esta é uma das razões pelas quais uma "alma jovem" e uma "alma velha" se encontram na mesma situação e tomam decisões diferentes.um está incorreto e o outro está correto. É claro que o carma "positivo" é acumulado pelas ações corretas. O Universo nos ensina com esses métodos e, no final, aprenderemos como agir corretamente. Acho que quando fizermos a transição e uma perspectiva mais ampla se abrir para nós, olharemos para trás e a vida parecerá um dia normal na escola, que são muitos: a campainha toca - e estamos felizes por uma pequena pausa . Aqui, gostaria de salientar que há muito a aprender pensando nesse modelo de escola. É muito importante saber que este modelo, que se tornou tão difundido ultimamente, reflete de forma bastante adequada a Vida, embora em um nível inferior (novamente, a Lei da Correspondência). E a educação universal gratuita e pública é uma conquista muito significativa no crescimento espiritual do reino humano. Portanto, as forças das trevas estão tentando de todas as maneiras possíveis interferir nesta instituição. Todas as tentativas de fazer as pessoas permanecerem ignorantes e limitadas em seus pontos de vista e crenças estão fazendo um favor às forças das trevas! Para expandir a consciência e crescer espiritualmente, precisamos de estudo contínuo, e isso deve ser incentivado por todos os meios.

Comparando a vida com um dia de escola, podemos continuar a analogia: depois de passar muitos dias (vidas) na escola, passamos para a próxima aula, ou para um nível superior.Recebemos uma promoção, ou "iniciação" espiritual (iniciação). Embora todas as pessoas (no quadro geral da Vida) tenham as mesmas oportunidades de avançar no caminho do Amor e da Luz, é fácil ver que as pessoas estão em diferentes níveis na escola da vida. Vemos que a maioria das pessoas ainda está, por assim dizer, nas "séries primárias". Existem várias razões para isso: nem todos entraram no reino humano como indivíduos ao mesmo tempo (como mencionado anteriormente). Portanto, aqueles que estão "indo à escola" há mais tempo e, portanto, ganharam mais experiência de vida (e experiência de vidas), são considerados "almas velhas", e podem estar um passo ou dois à frente. Outro fator muito importante é que algumas pessoas se esforçam mais e aproveitam mais oportunidades, então (como em qualquer aula escolar) progridem mais rápido. E outros não se importam em estudar, não enxergam suas capacidades e ficam para trás. Vamos enfatizar novamente: é muito importante ajudar uns aos outros. é para o bem de todos!

Através da experiência de vida (estudo) vamosda ignorância ao conhecimento. Quando o chakra do coração se abre, combinamos conhecimento com amor e discernimento. É quando começamos a ganhar sabedoria.Nos ensinamentos, isso é chamado de transição do "Palácio da Ignorância" para "Palácio do Aprendizado" e "Palácio da Sabedoria" (ver, por exemplo: Alice Bailey, "Initiation Human and Solar", p. orig. dez) . Aqui eu gostaria de voltar ao "novo grupo de servidores mundiais" que mencionei de passagem anteriormente. É nesta fase que paramos de ferir intencionalmente os outros e começamos a ajudar conscientemente os outros. É aí que começa o senso de responsabilidade. É nesta fase que nos tornamos pessoas de boa vontade, não tentando "conquistar" os outros, mas lutando para que todos ganhem. Então temos que passar pela parte probatória do Caminho do Discipulado. A alma nos chama cada vez mais para servir as pessoas e, portanto, toda a Vida no planeta, da qual fazemos parte. Há também mudanças em nossas crenças, como discutimos na seção anterior do livro. Chega a hora dos pensamentos e buscas, e quando nos abrimos e começamos a perceber novas ideias, a velha ideologia não nos satisfaz mais.

Esta etapa é chamada de "candidato": buscamos o crescimento espiritual, mas ainda nos falta a capacidade de discernimento. Cuidado: é fácil se deixar levar por novos ensinamentos que soam bonitos e impressionantes (mas podem ser vazios), também é possível desacreditar em velhas crenças e "jogar o bebê fora junto com a água".Guarde tudo de melhor, verdadeiro e belo das antigas tradições. E aprenda a discernir. No final, deixamos de ser amadores e percebemos que o trabalho espiritual é um trabalho sério, embora alegre.

Com o tempo, o plano físico e suas ilusões não exercem mais sua influência sobre nós, e começamos a superar a atração da matéria. Começamos a nos concentrar em níveis mais elevados e a controlar nossos desejos físicos.Este primeiro passo é muito significativo e importante. É muito mais difícil aprender a não sucumbir ao feitiço do astral e do mundo e a estabelecer o controle sobre os desejos e emoções inferiores. Para fazer isso, você precisa se tornar mais razoável, e então a Luz aparecerá, que dissipará as brumas do plano astral. Este é o segundo passo importante.

Então, quando a mente inferior tiver feito seu trabalho, ela também deve deixar de lado as ilusões de superioridade e dar lugar à Luz superior da Alma, que nos conecta com nossa Tríade Espiritual (que, eu os lembro, consiste na abstrata ou Mente Superior, o chacra do coração Amor-Sabedoria e nossa Vontade Divina).Esta é a terceira etapa muito importante da nossa revolução! Nossa conclusão bem-sucedida dessas três (e outras) séries do "ensino médio" são estágios de "iniciação espiritual". Já foi dito que em inúmeras encarnações nossa consciência cresce até que finalmente estejamos prontos para "guardar nossos brinquedos" para sempre e começar a apreciar o Real.

Tendo chegado a este ponto importante em nossa evolução espiritual, finalmente aprendemos todas as lições necessárias do plano físico, e não precisamos mais voltar para lá.Quando a maioria das pessoas finalmente completar sua experiência terrena de aprendizado, nos tornaremos Seres Espirituais. E alguns "graduados" assumirão o papel de professores. Como não podemos ver esses professores com o olho físico, muitos negam sua existência. Mas, tornando-nos mais sábios, sentimos cada vez mais a ajuda deles. E eles estão se tornando cada vez mais reais para nós.

Os professores da escola da vida são aqueles que ajudam as pessoas, e já falamos sobre isso. Nas tradições espirituais do mundo, eles são chamados de maneira diferente:Irmandade da Luz, Hierarquia Espiritual, Mentores, Mestres, etc. Eles são liderados pelo Grande Mestre (Salvador, Avatar) da humanidade. Em diferentes religiões, ele tem seus próprios nomes (títulos), mas é reconhecido por todas as tradições espirituais. Mas mesmo nas esferas superiores, ainda teremos algo pelo que lutar e algo pelo que trabalhar. Sempre teremos acesso a uma nova expansão da Vida até que chegue aquele dia distante em que o Cosmos se torne perfeito e completo. O conteúdo principal do livro já foi dito, mas mais um segredo deve ser dito. Em nosso tempo, a humanidade tem que aprender outro tipo de energia. A palavra mais adequada para isso em nossa língua é síntese. Nos Ensinamentos da Sabedoria este evento importante é descrito como "a vinda do Avatar da Síntese" (veja, por exemplo: Alice Bailey, "

Não temos ideia de quão grande será o impacto dessa energia na humanidade e em todas as formas de vida na Terra.

Sabemos na moda: isso levará a um crescimento benéfico da consciência de todos os componentes da Vida planetária.Aqueles que leram as seções anteriores deste livro provavelmente

a) concordo com muito do que foi dito

b) considerará que tudo isso é um grande disparate.

De uma forma ou de outra, tenho plena consciência de que somente o tempo poderá confirmar ou refutar a visão do Cosmos aqui apresentada. Mas você descobrirá, tenho certeza, que sua vida e sua experiência não contradizem nenhuma das afirmações que fiz. Pelo contrário: com eles é possível não apenas vincular tudo o que acontece, mas também consolidá-lo muito melhor do que a partir de outras posições. Simplesmente não precisamos mais tentar encaixar grandes hastes redondas em pequenos slots quadrados. E para aqueles de vocês que estão prontos para parar de tentar espremer sua realidade em sistemas de crenças limitados, deixe-me lembrar: cosmologia"escolas de mistério" nunca tiveram a intenção de substituir credos ou teorias científicas existentes. Este Ensinamento é chamado para dar às pessoas uma "grande verdade" na qual a mais elevada e pura dessas visões de mundo possa se unir. Fundamentos Esses pontos de vista não foram dados à humanidade em vão, e muito ainda está por vir.

## Olhando Para Trás Do Futuro

Vamos agora olhar para trás, do nosso futuro, para as primeiras duas décadas do século XXI e o século XX anterior. Você pode até capturar mais alguns séculos do milênio passado, quando começamos a sentir a influência da vindoura Nova Era. Lá vemos um tempo maravilhoso de grandes descobertas e mudanças significativas que ocorrem apenas no final de uma era e no início de outra. Este é um momento de transformação fundamental de todo o planeta. No entanto, estamos mais interessados no século XX. Vemos nele o Armagedom predito nas escrituras e mitos mundiais. Uma guerra prolongada em três etapas.

A primeira etapa foi principalmente física - nuaagressão agressiva. A segunda etapa, ainda mais física, afetou o astral inferior: as ideologias do mal tentaram suprimir o crescente desejo de liberdade e boa vontade em todo o planeta. Felizmente, o terceiro estágio se desenrolou principalmente no plano astral e nos níveis inferiores do plano mental - foi chamado de "guerra fria". Em países pequenos, porém, a guerra ainda era travada no plano físico e acompanhada de abundante derramamento de sangue, ou seja, definitivamente não era "fria".

Somente após o quadragésimo segundo ano do século XX as forças das trevas finalmente começaram a enfraquecer, mas mais de quarenta anos se passaram antes que um certo grande discípulo chegasse às alavancas do poder mundial em 1985, sob o qual o fim do último estágio da a guerra começou e a liberdade e a bondade começaram a se espalhar novamente. vai. Mas enquanto as últimas chamas do fogo mundial estavam se apagando, novos focos de tensão começaram a arder em alguns lugares - principalmente naqueles onde o deus do dinheiro governava.(Os crentes nele mais cedo ou mais tarde aprenderão como os falsos deuses são vulneráveis e inconstantes.)

Então, das cinzas do século que passou, a liberdade apareceu pela primeira vez na maior parte do mundo, e com ela mais Luz.As pessoas interagiam em tal ritmo e de tantas maneiras que as forças da separação não tiveram tempo de interferir nelas. As corporações multinacionais forçavam as pessoas a trabalharem juntas, e havia colaboração, pelo menos em nível profissional. Surgiram cada vez mais grandes formações estatais, que coordenavam suas atividades com outras do mesmo tipo (a princípio, principalmente nas esferas da economia e da segurança global). Finalmente, ficou claro que a força militar estava perdendo seu significado, e o conhecimento e a informação tornaram-se cada vez mais relevantes. Como resultado, mais e mais forças começaram a se concentrar no estudo da Terra e, em seguida, no espaço próximo à Terra. (Embora as forças das trevas continuem a apoiar a força militar às custas do conhecimento, arte e cultura.)

No final do milênio, muitos esperavam que algum tipo de cataclisma global acontecesse ou mesmo o fim do mundo. Mas nada disso aconteceu e, quando a tensão diminuiu, essas mesmas pessoas pela primeira vez sentiram a possibilidade de viver em paz.É difícil acreditar agora que nós, humanos, trouxemos tanto horror a nós mesmos e uns aos outros. Mas as forças das trevas estão finalmente "ligadas", e diante de nós se abre a oportunidade de entrar em uma nova era de ouro. A Era de Peixes está sendo substituída pela Era de Aquário, e a cooperação do grupo é substituída pelo fanatismo individual. Tem que aproveitar o momento! Estamos em grandes mudanças.

No início do século XXI, coisas incríveis começaram a acontecer. Observou-se que cada vez mais organizações e até governos são liderados por líderes esclarecidos. Para mudar"líderes" míopes, limitados e míopes vieram uma nova geração de pessoas que viam uma imagem maior do mundo e trabalhavam não para seus próprios interesses, mas para o bem comum. Depois de mais algumas décadas, a maior bênção finalmente chegou: o Instrutor do Mundo "reapareceu" para ajudar a salvar o planeta. É claro que muitas pessoas ainda não reconhecem a grandeza desse Ser, porque de forma alguma condiz com seus preconceitos. Ainda somos escravos de nossos hábitos. Pessoas limitadas que apoiam sistemas de crenças rígidos, resistem ferozmente à sabedoria que este grande salvador do mundo demonstra.

Uma liderança iluminada está sendo estabelecida em todo o planeta. Novas energias colossais estão se manifestando, tanto de fontes planetárias superiores quanto de reinos extraterrestres, e estamos finalmente entrando no milênio dourado. Por todo o tempo da existência da humanidade no planeta, tal era ainda não aconteceu.Será mesmo assim? Espere e veja.

## A Grande Chamada

Por volta de meados do século XX, uma importante ferramenta espiritual foi dada à humanidade. É conhecida como a Grande Invocação.Sua aplicação e compreensão é muito ajuda na ascensão espiritual de uma pessoa. Em primeiro lugar, deve-se ressaltar que nós, pessoas, somos capazes de invocar energias Divinas, que (embora muitas vezes sejam ignoradas) estão sempre disponíveis para nós. Com o advento do Sétimo Raio de ritual, ritmo e organização, a ciência da invocação - e isso é precisamente ciência - entrará cada vez mais na consciência das pessoas, porque a invocação correta é exatamente o que é um ritual organizado e rítmico.

Quando oração, meditação, hino, etc., são usados como uma invocação e esforços sinceros são feitos, pela lei da ressonância eles evocam uma resposta em níveis mais elevados.Quanto mais pessoas usam qualquer chamada e quanto mais vezes ela é feita, mais poderosa e eficaz ela se torna devido ao efeito cumulativo. E quanto mais alto o nível de consciência espiritual em que o chamado está "embalado", maior seu poder. Engajar nossa consciência espiritual superior em invocar altas energias também garante que essas energias sejam usadas não para propósitos egoístas, mas para o serviço de todo o mundo, para contribuir para a iluminação de nosso planeta e todas as formas de vida que existem nele. Aqui está a chamada:

Do ponto de Luz que está na Mente de Deus,

Deixe a Luz fluirna mente das pessoas.

Deixe a Luz descer sobre a Terra.

Do ponto de Amor no Coração de Deus,

Deixe o amor fluir no coração das pessoas.

Que Cristo retorne à terra.

Do Centro onde se conhece a Vontade de Deus,

Deixe o Propósito dirigir as pequenas vontades das pessoas – O propósito, sabendo qual, os Professores servem.

Do centro do que chamamos de raça humana,

Que o Plano de Amore a luz se tornará realidade

E a porta atrás da qual o mal será selado.

Que a Luz, o Amor e o Poder sejam restaurados -

Plano na Terra.

À medida que uma pessoa medita e usa a Grande Invocação, torna-se cada vez mais claro para ela que deste dom simples, mas muito profundo e poderoso, a humanidade pode extrair muitos níveis de significado, aspectos de percepção (e resultados práticos).Gostaria de apresentar aqui o que chamo de "visualização científica" da Grande Invocação. Na minha opinião, o termo "científico" se justifica pelo fato de corresponder à realidade, e tentarei mostrar isso. E a "visualização" em geral é uma participação mental plenamente consciente no processo que deve ser realizado. Em outras palavras, tentarei mostrar como se pode "ver" o processo espiritual nos níveis em que vivemos e que, portanto, podemos compreender plenamente.

## Primeira Estância:

*Do ponto de Luz que está na Mente de Deus, Deixe a Luz fluir nas mentes das pessoas. Deixe a Luz descer sobre a Terra.*

O "Ponto de Luz que está na mente de Deus" é mais alto, muito mais alto do que nossa compreensão mais elevada. Essa Luz, a imagem visível do Espírito, ou consciência superior, nasce no que podemos perceber como a mente (ou aspecto mental da trindade) de Deus. A partir deste ponto de inteligência mais pura, a Luz Divina flui continuamente para todos os reinos da natureza, incluindo os reinos Divinos, o reino humano, os reinos inferiores e aqueles que geralmente são desconhecidos pelo homem. É uma consciência que sempre foi infundida e sempre será infundida em nossas mentes.Não é nada além de energia cósmica, o terceiro aspecto ou Raio da Trindade Divina. Uma força enorme que leva a humanidade a um nível eficaz e razoável de grande Vida. O resultado final disso é a Iluminação!

A luz (ou a consciência de Deus) deve descer de seus níveis e, se quiser, frutificar consigo mesma todas as vidas em todos os reinos de nossa Terra. Com o tempo, isso leva ao crescimento e expansão da consciência de todos os níveis do ser.Se imaginarmos nosso Sol como um símbolo (ou correspondência inferior) da "Mente de Deus", e a luz emitida por ele como a personificação de um plano mental superior, podemos ver como essas energias "fluem", "descem para a Terra" e penetram direta ou indiretamente nas "mentes das pessoas". No plano físico, sabemos que o Sol é a fonte de toda a vida no planeta e pela ação da luz solar (e também dos ventos solares, manchas solares, etc.), ocorrem profundas mudanças em todos os reinos da natureza.

## Segunda Estância:

*Do ponto de Amor no Coração de Deus,Deixe o amor fluir*

*no coração das pessoas. Que Cristo retorne à terra.*

É fácil imaginar como a Luz flui, mas como visualizarAmor?

Vou me concentrar em uma das razões pelas quais isso não é tão fácil de fazer. Em primeiro lugar, deve-se enfatizar que a primeira estrofe está conectada com o Terceiro Raio de energia cósmica e, consequentemente, com a energia solar.sistema anterior ao nosso. Como um sistema solar de terceiro raio, nos deu pelo menos a primeira ideia da Luz. O que chamamos de "Amor Divino" ainda é um conceito novo para nós, pois estamos nos estágios relativamente iniciais do nosso atual sistema solar, que é o segundo sistema solar (em uma série de três) e pertence ao Segundo Raio. É neste sistema solar que o Amor Divino estará ancorado na Terra. Embora o Amor Divino esteja longe de ser totalmente materializado nos planos de nossa consciência, parece-me que está começando a se manifestar de maneiras acessíveis à nossa percepção. Por exemplo, sugiro recorrer à cor: passando por um prisma, a luz forma as cores, as sete cores espirituais. Eles podem ser uma das manifestações físicas do amor. Ou pegue a música: há sete notas em uma oitava. Para alcançar a harmonia, é preciso ser capaz de distinguir som e cor, bem como conhecer as medidas e as combinações certas. Estudando proporções harmoniosas, mergulhamos involuntariamente nas leis da geometria e da matemática, na seção áurea, etc.

Tudo isso leva à beleza, e a beleza é a expressão do Amor na matéria. Isso não significa que "o ponto de Amor que está no Coração de Deus" nós, pessoas, podemos imaginar como o centro da mais pura beleza, que, "fluindo em nossos corações", se torna compaixão, altruísmo e tudo o que há de melhor em uma pessoa? No final, todas essas qualidades, cada uma à sua maneira, surgiram devido à capacidade de distinguir entre as proporções e relações corretas. Sabemos que o Plano Divino de Amor ("Plano Búdico") refere-se ao Segundo Raio de Amor-Sabedoria e com ele qualidades que expressam o relacionamento correto como razão pura, intuição, misericórdia, visão de mundo holística, compaixão, altruísmo, etc.

Portanto, sugiro que a beleza que percebemos na arte, música, obras-primas arquitetônicas e outros objetos do plano físico é o reflexo mais baixo (que podemos visualizar) das qualidades superiores e mais sutis listadas acima. Visualizando o "Amor fluindo no coração das pessoas" (e no coração da humanidade), podemos imaginar belas cores e música - "a música das esferas". (E a incrível beleza da natureza.)

Quando encontramos a palavra "Cristo", imediatamente nos lembramos da notável personalidade adorada pelos cristãos. Mas este grande Ser é melhor entendido como o mensageiro universal de Deus que ama a todos, independentemente das crenças religiosas. No mundo ele é conhecido sob uma variedade de nomes e títulos.Assim: se apelarmos para que este grande Ser desça cada vez mais na matéria, na esfera onde habitamos - e é exatamente isso que está acontecendo agora - o "retorno de Cristo à Terra" certamente nos ajudará a alcançar a beleza até então desconhecida da vida.

## Terceira Estrofe:

*Do centro ondeA vontade de Deus é conhecida*

**Deixe o Propósito dirigir as pequenas vontades das pessoas** – *O propósito, sabendo qual, os Professores servem.*

Quem são os Professores? Estes são seres desenvolvidos que ajudam o Salvador do Mundo a elevar sua consciência. Nós os chamamos de EspirituaisMentores, Mestres, Senhores ou Hierarcas Espirituais do nosso planeta. Como esta estrofe se refere às energias do Primeiro Raio, as palavras-chave aqui são "Vontade" e "Propósito". Vamos falar sobre o objetivo primeiro. Até onde podemos entender em nosso nível humano, o Propósito Divino é elevar e expandir a consciência em todas as suas manifestações. Ou, em outras palavras, devolver o Universo à perfeição através da evolução espiritual.

Novamente, em um nível humano, isso é realizado invocando a energia da Luz do Terceiro Raio, a energia do Amor do Segundo Raio (versículos um e dois) e a energia da Vontade Divina do Primeiro Raio (versículo três). Mas no processo de cumprimento do Plano Divino são necessárias purificações constantes, pois algumas entidades resistem à iluminação e precisam ser "refeitas" para obter outra chance. Parte da purificação pode ser alcançada através do aspecto destrutivo do Primeiro Raio. Mas aqui deve ser enfatizado: de fato, nada pode ser destruído - nem matéria nem energia; tudo é apenasse transforma em outra coisa. Portanto, o Primeiro Raio não destrói ao invés de transformar, liberar ou refazer.

Assim, o Primeiro Raio desempenha várias funções: energiza a Luz e o Amor; transforma o que é necessário, e também purifica, separando "átomos" não liberados para retrabalho.Isso pode ser visualizado da seguinte forma: todo impuro (o mal) é separado da vida em evolução e lavado no centro da Terra para a purificação e transformação do fogo, e então novamente trazido à superfície para repetir o processo novamente. No plano físico, vemos como isso acontece em nosso corpo (os processos de digestão e excreção). Muita atenção é dada à Luz e ao Amor nos ensinamentos esotéricos, o que não pode ser dito sobre os processos de purificação e refazer. Mas esta atividade importante e necessária está acontecendo o tempo todo, e devemos participar dela conscientemente.

## Quarta Estância:

*Do centro do que chamamos de raça humana, que o Plano*

*de Amor e Luz aconteça,*

*E a porta atrás da qualmal.*

Tendo invocado a iluminação do terceiro raio, a sabedoria compassiva do segundo e o poder focalizado do primeiro, voltamos novamente ao "centro" laríngeo do planeta: o reino humano.Nosso trabalho (dharma) é fixar "O Plano de Amor e Luz" para que suas energias dinâmicas sejam "cumpridas" primeiro em nosso reino e depois em todos os outros (isso é mencionado na última estrofe).

É importante enfatizar que tudo no universo é hierárquico (hierarquia significa "poder sagrado"), e isso não é uma hierarquia de poder, mas de responsabilidade crescente. Cada unidade estrutural do universo tem a responsabilidade de ajudar os representantes dos reinos inferiores. Nós, a humanidade, juntamente com os devas (anjos), somos os reinos mais adequados para sustentar os reinos animal, vegetal e mineral. Isso é possível se você souber as proporções e proporções corretas. Então construímos nossa interação com esses reinos corretamente e ajudamos as energias de Luz, Amor e Vontade a descer para os reinos menos desenvolvidos e para os planos inferiores.E quando todos os reinos se tornarem iluminados, simplesmente não haverá espaço para o mal! Ao não participar do mal, nós o privamos de seu poder, e isso ajudará a "selá-lo" para que não apareça novamente. Portanto, pedimos a vedação da "porta atrás da qual o mal" ou a matéria não liberada e não transformada nos níveis mais baixos (brutos) de todos os planos, que nós, de fato, percebemos como mal.

## Quinta Estância:

*Que a Luz, o Amor e o Poder sejam restaurados - Planeje na Terra.*

Na estrofe final, visualizamos "Luz, Amor e Poder (Poder)" emanando dos reinos humanos (e superiores) para "restaurar o Plano (Divino) na Terra".Pode visualizar miríades de pontos as luzes de brilho variável que representam esses reinos, as energias do terceiro, segundo e primeiro raios já invocados, bem como influências divinas extra-planetárias. Tudo isso está na proporção certa e no relacionamento certo, interagindo e se espalhando por todo o sistema da Terra para ajudar a restaurar o Plano Divino de perfeição do qual a humanidade se desviou temporariamente. Bênçãos para os leitores deste livro: Em nome da Luz, em nome do amor, em nome do propósito, tentaremos cumprir sua parte da Causa Única. Que assim seja!

www.ingramcontent.com/pod-product-compliance
Lightning Source LLC
Chambersburg PA
CBHW052357220526
45465CB00003BB/1138